「長生き」が地球を滅ぼす

現代人の時間とエネルギー

本川達雄
Motokawa Tatsuo

文芸社文庫

文庫版のためのまえがき

東日本大震災は電気の大切さを教えてくれた。電気がなければ、ほとんど何もできない。

なぜこれほど電気なのかといえば、電気が一番使いやすいエネルギーの形態だからだ。石油もガスも原子力も、いったん電気エネルギーに変換する。すると、何にでも手軽に使えるようになる。電気依存の現代生活とは、エネルギー依存の生活、エネルギーがなければ、ほとんど何もできないのが現代生活なのである。

われわれはエネルギーを使って便利な機器を動かしている。便利とは早くできること。車や飛行機を使えば早く着ける。携帯電話で早く連絡がとれ、テレビで早く情報を得ることができる。コンピュータを使えば、早く大量の情報を集めて処理できるし、ネットで全世界と即座につながることも可能。つまりこれらの機器は、時間を早めるものだと言っていいだろう。そしてそれらを作って動かすのに、多大のエネルギーが使われているのである。

機械の働きは素晴らしい。企業では、機械を動かすことにより、同じ時間内にたくさんの製品を作り出せ、またたくさんの情報を集めて他社を出し抜くことができる。ビジネスとは「忙しいこと」、つまりは時間が早いことなのだ。エネルギーを注ぎ込んで機械を動かせば時間が早まり、その浮いた時間をさらに有効に使ってどんどん稼げる。まさに「時は金なり」なのである。一方、家庭においては、便利な機器を動かせば家事の時間は短縮され、余暇という自由時間が手に入る。

夏場の電力消費の主因はクーラー。暑ければぼーっとしているしかないが、そんな不活発な時間を、自由に活動できる時間に転換するのがクーラー。こうして使える時間を生み出している。電灯もそう。暗闇では眠るしかない。そんな時間を活動できるものに転換する。クーラーや電灯のおかげで不活発な時間を追放し、ばりばり活動できるのである。

冷蔵庫により食べたいときにいつでも食べられるし、コンビニに行けば二四時間欲しい物が手に入る。これらも「待つ」という不活発な時間を追放する装置である。

最も不活発な時間と言ったら、死。戦後すぐの日本人の寿命は五〇才。それが今や八〇才である。医療の進歩、衛生の改善、豊富な食糧、冷暖房、等々のおかげだが、これらには莫大なエネルギーが使われている。エネルギーによって寿命のばし、三〇年もの時間を生み出したのだ。

便利な機器を動かして、所用時間を短縮し、待ち時間、夜、盛夏・厳冬期、死という不活発な時間をどんどん追放する。エネルギーを使って機械類を駆動することにより、現代人は自由裁量の効く時間を作り出している。

こうしてわれわれは多くの時間を手に入れ、より幸せになった、めでたしめでたし、と行けばいいのだが、話しはそう単純でもなさそうだ。

今やビジネスの時間は日増しに加速し、より早いもの、不活発な時間のより少ないものが勝ち残るという様相を呈している。昔は、夜は眠るものだった。ところがコンピュータネットワークで二四時間世界中とつながったおかげで、夜間といえど海外のマーケットを気にしないわけにはいかない。夜もおちおち寝ておれない。便利で活発になったとはいえ、安眠できない世界など、地獄と呼んで良いのではないか。肉体は休む必要がある。にもかかわらず、無理をしてでも機械と付き合わざるを得なくなった。

体には制約がある。睡眠だけではない。時間の早さにも体の制約は関係する。コンピュータを筆頭に、機械の時間はどんどん早まっているが、それと付き合わされる体の時間は、そうそう早くなれるものでもないだろう。コンピュータを駆使する現代社会のペースは、体のペースをはるかに超えて早くなってしまったのではないか。

これだけ便利になり豊かになった割には、疲れた不機嫌な顔をした日本人が多すぎる。社会の時間に体の時間が追いついていけずに、体に大きなストレスを受けていながら、それでもより早くなければ負けてしまうという不安から駆け続けざるを得ない現実が、疲れ、不機嫌、それが高じての自殺、の主な原因となっているのではないだろうか。

長くなった寿命にしても、手放しで喜べるものではない。明るい未来が開けているのならいいが、高額の医療費やぼけという暗雲が行く手にたちこめ、衰えつつある体を抱えての時間が長くなるのが長寿社会なのである。私は団塊の世代。老いへの一歩を踏み出した身としては、気が重いなあ、人生の疲れもたまっているし、でも死にたくもないしなあという、幸せとはなかなか言いにくい気分になってしまう。

こういう、疲れて不機嫌で未来に希望をもてない人々を大量につくり出しているのが、この高速・長寿社会。それを作って維持するのに膨大なエネルギーが使用され、だから原発も必要となったのだ。

より速く、寿命はより長く。つまり自由裁量時間をよりたっぷりにしたいという、時間への飽くなき欲望を満足させるべく、技術も資源・エネルギーも総動員しているのが現代であろう。CO_2による温暖化や原発廃棄物、高齢社会を支える赤字国債、という負の要素がそれに伴って生じるのだが、これらはすべて次世代に押しつけているのが現実で、これはまさに「長生きが地球を滅ぼす」事態。これほどの次世代の犠牲と引き替えに、今の世代が幸福に暮らしているのならまだしも、疲れと未来への不安だらけの時間を手に入れただけだとすれば、どこかがおかしいと思わざるを得ない。そのおかしな点とは、時間の見方が間違っていることに由来する、というのが本書の主張である。

ふつう時間といえば、時計の時間であり、これは万物に共通で、早くなったり遅くなったりするものではない。だが本書では、「時間はエネルギー消費量に比例して早くなる」という見解をとる。なぜそう考えて良いのかを、生物の時間をもとにたっぷりと説明し、そのような時間の見方をすると、私たちが直面している大問題群、エネルギー問題、地球温暖化問題、少子高齢化問題が、すべて時間の問題として理解でき、解決の糸口が見つかると本書では説く。東日本大震災後の生き方を考える上で、本書の時間の見方が大いに役に立つと私は信じている。

目次

第6章　老いを生きるヒント

はじめに——時間の見方を変えて生き方を変えよう

日本は豊かになった。とても便利になった。身の回りに物があふれ、ボタン一つでいろいろなことができる。なのに幸福感がいま一つ、というのが実感だろう。便利になればなるほど、ドッグイヤーと言われ、どんどんせわしくなっていく。このとてつもなく早い時間に、私たちは疲れはてているのではないだろうか。

日本は長生きになった。だから嬉しいと、手放しで喜ぶ気にもなれないのが現実だろう。気がかりなことが多すぎる。年金は大丈夫か、定年後をどう生きればいいのだろう、ボケたくない・迷惑をかけたくない等々、長くなった分、悩みの種も多くなり不安の日々も長くなる。

ついに超高齢社会になってしまった。個人としても国としても、これは大問題である。そして長寿も忙しすぎる毎日も、どちらにも時間が関わっている問題なのである。

時間の見方を変えることにより、これら大問題を解決しようというのが本書のもくろみ。高齢化社会の生き方、忙しい時間とのつきあい方、時間のデザイン法を論じてあり、時間術のハウツー本として読めるようにできている。

その基礎になっているのが生物の時間。これをもとに老いの時間や現代社会の時間を論じた、今までにない斬新な時間論である。

生物では、時間の早さはエネルギー消費量で変わってくる。エネルギーを使えばつかうほど、時間が早く進むのである。

この関係は、人間の一生にも当てはまるし、社会生活の時間にも当てはまると本書ではみなす。

時計の時間なら、一定の速度で進んで行き万物共通。でも、現実の時間は、早くなったり遅かったりする。車やコンピュータを使えば時間は早くなる。車はガソリンを食う。道路をつくるにはエネルギーがいる。だからエネルギーを大量に使い時間を早めているのが現代なのだと本書では考える。

そう考えると、現代社会がハッキリと見えてくる。時は金なり。ビジネスは時間を操作して金を稼いでいるのである。だからこそドッグイヤーになっていくのである。

現代社会を理解するには、時計の時間だけでは不十分なのだ。

エネルギーを使うことにより時間が変わる。ということは、時間とは自分で操作できるものなのだ。

こう考えると、すごく自由になった気がしないだろうか。時間に縛られた日本人。時間の奴隷のような気分から解放され、生き方が変わるだろう。

生物においてはエネルギーを使えば時間が進むのだが、これは、生物がエネルギーを使って時間をつくり出しているのだと私は解釈している。エネルギーとは働くこと。つまり、働いて仕事をすると時間が生み出されてくるのが生物の時間なのである。

昨今の時間が、早いばかりで上っつらを滑っていくように感じられるのは、自分の体や頭を使って働くことをせず、すべて機械に代行させているからではないだろうか。これでは生物として、意味のある時間をつくることはできない。生物として意味ある時間をつくり出さず、機械がつくり出した異常に早い時間に合わせようと、あっぷあっぷしているのが現代だと思う。

長寿も、医療をはじめとした技術が、莫大なエネルギーを使ってつくり出したものである。だからこそ老後は、長いばかり長くて漠とした感覚がつきまとうのではないか。体を動かし働いてこそ、生物として意味のある時間が生まれるのであって、ただ長ければ良いというものではない。老いの時間が漠としているのは、働くことと結びついていないからである。

機械を動かすためにエネルギーを使う。時間を早め、長命になるために、現代は莫大なエネルギーを使っているのである。だからエネルギー問題や環境問題は、時間と無縁ではない。

生物にとって、意味のある時間をつくり出す最重要事は、子供をつくること。子供をつくることにより、時間を若返らせ、永遠の時間を生き続けていこうとするのが生物である。個体が長生きすることでは、永遠の生は得られない。少子化も高齢化も、生物の時間がどのようなものかを理解していないことから生じた問題なのである。

こう考えてくると、今日の日本が直面している大問題は、すべて時間の問題として捉えることができる。

だからこそ、正しい時間の見方が必要なのだ。時間とエネルギーとが関係し、時間がエネルギー消費量によって変わるという見方をすれば、こんなふうに世の中を見通すことができるようになる。

現実には大量のエネルギーを使って時間を操作しているにもかかわらず、時間はどうやっても変わらないものだと信じ込んでいるところに、現代の大いなる矛盾があると私は思う。

本当は、われわれは時間の奴隷ではなく、自由をもっているのである。そして、自由があるということは、責任も生じるということである。自由だと認識していないから、責任もとらないところが大きな問題。本書のタイトルをかなり過激なものにしたのは、時間に対して、われわれは責任をもつ必要があるのだということを強調したかったからである。

本書の基礎となる生物の時間については、最初の三章で解説した。この部分は生物学として、わくわくするくらいおもしろいと思う。一生の間に心臓の打つ回数は一五億回。七〇年生きるゾウも一年で死ぬネズミも同じ一五億回だ、なんて話がでてくるのだから。(ちなみにこの部分は前著『ゾウの時間 ネズミの時間』と重なるところもあるが、エネルギーと時間を関係づけて考えるのが本書の眼目であり、前著とは視点が異なる。)

この部分。ちょっとだけ簡単な算数が出てきたりするので、面倒だと感じられる方は、四章から読み始めていただいてかまわない。寿命や生活に直接関係した話題から入った方が、関心が持ちやすいだろう。「エネルギーを使えばつかうほど時間が早く進む」という動物学上の事実だけ覚えておいていただければ、途中から始めて、何らさしつかえない。

本書を通して時間を見る新しい目をもち、それが良い時間を生きる一助になれば幸いである。

プロローグ

東京は悲しいところ

――ネズミなみの人口密度で暮らす異常さ

長年住み慣れた沖縄から東京に移ったのは、思えば今から二〇年前（一九九一年）のこと。

以前住んでいたとはいえ、東京の暮らしに慣れるまでは、やはり大変でした。なんといっても住まいの狭さです。大学の宿舎に入れてもらいましたが、面積は沖縄時代の三分の二。狭いわりには風呂場などやけに広くつくってあるので、実質住める空間は半減です。荷物に埋もれて一家五人が折り重なるように寝る始末。夜中にハッと目覚めると娘の足が顎《あご》の上にある、なんてことになります。そのうえ雨が漏る。「こんな宿舎しかないの？」と不満げに事務官に言うと、「入れただけありがたいと思え」とのお言葉。首都圏の住宅事情の厳しさを思い知らされました。

子供たちはブーブー言います。沖縄ではまわりにいくらでも遊ぶ空間がありました。あの強い日ざしの下で駆け回れば、疲れ果てて夕飯を食べたらバタンキュー。それが外に出て遊ぶ場所もなければ、家の中では身動きもままならなくなったのですから、フラストレーションがたまります。

女房ももちろんブーブー言います。「私は一日中、ずっとここなのよ！」と言われれば、小声でそっと「行ってきます」と、すまなそうな顔をして大学に出かけるしかありません。

でもさすがに女房も「広いところに移りましょう」とは言い出しません。

すぐ向かいに売り出し中の建売住宅があったのですが、なにせバブルの最盛期。これから定年まで働いた給料全部と引き替えに、やっと買えるかどうかという値がついています。とても手など出やしません。

手が出せないからといって、あこがれて夢に見るような豪邸かというと、とんでもない。どうってことない建売住宅なのです。「これだけまじめに働いている善良な市民が、一生かかっても、あんな家一つ買えないいんじゃなあ」と、すっかり虚しくなってしまいました。これは政治が悪い。

女房も子供たちも、早く沖縄に帰ろうの大合唱です。でもまあ、そうもいきません。

私のほうだって大変なんです。電車で一時間かかって大学へ行くのですが、十数年ぶりの通勤電車は、かなりの恐怖でした。あの人の塊に体を押し込んでいくのです。それなりの覚悟がいります。

乗っても、それからが大変。へたに体を動かして痴漢と間違われやしないかしらと、ずっと体を硬くしているものですから、大学に着く頃には疲れはててしまうのでした。

これはまともな人間のする生活じゃないなあ。

憂さ晴らしに、これがどのくらいおかしなものなのかを、サイズの生物学をもとに計算してみました。

動物の生息密度や行動圏の面積などは、体の大きさによってほぼ決まっています。体重がこのくらいだとだいたいこれくらい、という計算式があるのです。その式を使って体重六〇キログラム（つまりヒトのサイズ）の動物の人口密度や行動圏の大きさを計算してみたのです。それと比べたら、都会の暮らしぶりはどんなふうに見えるものなのでしょうか？

都会の密度はネズミの密度

まず人口密度。

いろいろなサイズの哺《ほ》乳類を使って生息密度（人口密度）と体重の関係を調べると、生息密度はほぼ体重に反比例して減るという関係式が導き出せます（284ページ・巻末付録1）。サイズの小さい動物ほどウジャウジャいて、大きいものほど数が少ないということですから、これは感覚的に納得できる事実でしょう。この関係式を使ってヒトサイズの動物の生息密度を求めてみると一・四匹／㎢となります。

さて、東京の人口密度は五五〇〇人／㎢。東京では哺乳類の平均値の四千倍も密にぎっしりと人間が住んでいることになりました。なるほどこれは異常に高い密度です。

東京だけが異常というわけではないのかもしれません。日本全国の平均密度ならどうなるかも計算してみましょう。日本の人口密度は三三〇人／㎢ですから、これでも哺乳類の平均値の二三〇倍もあります。

現代日本の人口密度は、哺乳類の平均値とあまりにもかけ離れています。東京で三桁、全国平均でも二桁も密度が高いのです。

これほど違うのは、そもそもヒトという特殊な動物のことを考えるのに、他の哺乳類の式をそのまま当てはめたところに無理があるのかもしれません。でも、こんな数値があります。

今から五千年前、縄文中期といえば気候も良く、縄文時代の中では一番人口の多かった時期ですが、そのときの日本の人口は多く見積もっても五〇万人ほどだったと言われています。人口密度にすれば一・三人／㎢程度。ヒトサイズの哺乳類の密度が一・四匹／㎢でしたから、ほぼ一致します。人間といえども昔は、哺乳類としての普通の密度で住んでいたわけです。それが文明の発達とともに、百倍も千倍も密に住むようになってきました。

では逆の方向で考えてみましょう。東京ほどの高密度で住んでいる哺乳類は、どの程度の大きさのものになるのでしょうか。計算すると体重が六グラム、哺乳類として一番小さいトガリネズミのサイズです。

では日本の全国平均の人口密度で住んでいる動物はどうかというと、体重が一四〇グラムですから、ドブネズミ程度。いずれにしても日本に住めばネズミ小屋暮らしになってしまうのですね。

以上は二〇年前の計算結果ですが、二〇一〇年の人口密度で計算し直してもほとんどかわりありません。東京は五・四グラムのトガリネズミ、全国平均では一三四グラムのネズミ小屋暮らしです。

行動圏はゾウのサイズ

行動圏の広さと体の大きさの間にも、一定の関係があります。行動圏とは、定住性の動物が普通に行動する範囲のこと。行動圏の広さは体重にほぼ比例し、大きいものほど広い行動範囲をもっています。これも私たちの感覚に合う事実でしょう。

ヒトサイズの哺乳類の行動圏の広さがどれくらいかを、行動圏と体重との間の関係式（284ページ・付録1）を使って計算してみました。答えは一二平方キロメートル。これは直径四キロメートルの円に相当します。これなら直径分を歩いて一時間、周囲をぐるっと歩いても三時間ですから、妥当な広さですね。

では都会人の行動圏の広さはどうでしょうか。立川から中央線に乗って丸の内まで通うとすると、通勤距離は三七・五キロメートル。これが行動圏の直径とすれば、面積は一一〇四平方キロメートル。ヒトサイズのものの九三倍もの広さになります。

さて、これだけ広い行動圏をもつ哺乳類はどんなものかと計算すると四・三トン。これはゾウの体重に相当します。

通勤電車は虫かごなみ

このように広い行動圏内を、あの悪名高い通勤電車に乗って移動するのですが、電車の人口密度は、いったいどの程度なのでしょう?

電車に定員の三倍乗っているとすると一平方メートルに八人ほどで、これはヒトサイズの動物の密度の五八〇万倍になります。

これほど密に住んでいる哺乳類の体重はどうかと計算すると〇・〇〇二グラム。じつはこんな小さな哺乳類は存在しません。一番小さいトガリネズミでも体重二・五グラム程度です。それより三桁も小さいのです。〇・〇〇二グラムといえば蚊のサイズです。

虫かごなみの電車に乗ってゾウなみの距離を行く、これが都会の通勤なんですね。ストレスがかかっても当然、とわれながら納得してしまいました。

こうなれば歌でもつくって自ら慰めるしかありません。諦念の境地でつくった歌『東京は悲しいところ』。大都市にお住まいの方は、しみじみと歌ってみて下さい。

東京は悲しいところ

一、六帖二間の　アパートに
親子五人が　肩寄せ合って
息をひそめて　暮らしてる
同じサイズの　動物ならば
千倍ひろびろ　住んでるものを
ああ　東京は悲しいところ
こんなにギュウギュウ　住んでるなんて
なんと小さい　ネズミの暮らし

二、通勤電車の　人口密度
虫の密度と　変わりはしない
それに揺られて　一時間
こんなに大きい　行動圏は
ゾウほど巨大な　動物のもの

東京は悲しいところ

本川達雄

ああ　東京は悲しいところ
虫かごみたいな　電車に揺られ
ゾウのサイズの　距離を行く

満員電車の正しい乗り方

通勤電車は異常だとは言いながら、都会ではみな、それで通っています。慣れるしかないやと、いやいやながらも乗っているうちに、通勤電車にもそれなりの乗り方があることに気がつきました。

電車の中では目をつぶっている人がたくさんいますね。これは外国人には異様に映る光景のようです。もちろん疲れていることもあるでしょう。でもこれは異常に高い人口密度を相殺する行為ではないかと思いつきました。目を閉じてしまえば、まわりの人はいないものとみなせます。またこうすることにより、異常に大きい行動圏も解消できます。目を閉じると電車の中の時間そのものを消し去って、家と勤務先との間をタイムワープする感じになれるでしょう。本を読むというのも、同様の効果があると思われます。

たぶん電車の中では、人間であってはいけないのでしょうね。まわりの人は物だと思えばいい。人間だと思うから異常に高密度だと感じてしまうのです。そして自分も物になればいい。自分が物なら、そもそもまわりの密度を感じることなどなくなります。われも人も物になる。これが満員電車に乗るルールのようです。だから人であることをまわりに感じさせる行為は慎まなければなりません。通勤電車でのおしゃべりは禁物です。キョロキョロしてもいけません。目を開いていても見えないふりをして無視するのです。電車が揺れたら自分も物のように揺れます。へたに自分で動けば、それだけで嫌な顔をされるようです。結局、そんなふうにして、異常な時間を消し去っているのが満員電車の中なのでしょう。

沖縄に住んでいた当時、たまに東京に出てくると大変に疲れました。なんといっても人の多さに圧倒されます。そしてみんながものすごく早足で歩くのですね。東京人の歩く速さは世界一だという調査結果があります。もう、見ているだけで疲れます。そして、これも疲れることですが、この人の流れに乗って早足で歩かなければいけないのです。そうしなければぶつかってばかりで、もっと疲れてしまいます。

じつはさらに疲れることがありました。たくさんの人とすれ違うのですが、見る人ごとに、「アッ、具志堅さん！　アッ、喜納《きな》さん！」と思ってしまうのです。もちろん沖縄の具志堅さんや喜納さんがそこにいるはずはありません。当時私は瀬底《せそこ》島という小さな島に住んでいました。小さな島では、あの後ろ姿なら具志堅さん、あの髪型なら喜納さんと、一対一の対応がついてしまいます。そういう生活に慣れていると、喜納さんが今ここにいるはずはないと分かってはいても、髪型を見れば自然に「アッ喜納さんだ！」と体が反応してしまうのです。おそろしいものです。そんなことを繰り返しているのですから、東京の街なかをちょっと歩いただけで、すっかり疲れ果ててしまうのでした。

この話を東京の友人にしたら、東京では一歩自分の勤めているビルから外に出たら、個体識別はしないものだよと言われました。人を見たら、あれは誰かな、と個体識別をするのが人口密度の低いところでのルールであり礼儀なのですが、都会では自分の家のまわりと勤め先以外の場所では個体識別をしてはいけないようなのです。

ある密度になったら特定の人とは認識しない。もっと密度が高くなれば、人とも認識しない。満員電車の中では、まわりの人は物とみなします。そうすれば人口密度はぐっと下がるわけです。また電車の中の時間も、目を閉じて無いものとすれば、異常な時間や移動距離を感じなくて済むのです。これはずいぶんと高級なテクニックです。脳が発達している人間だからこそできることでしょう。脳による高度の操作により、都会人は住んでいる環境の異常さに、何とか対処しているのでしょうね。

都会人は密度と行動圏の異常さを解消するために、じつに洗練されたマナーを開発しています。そう気づいたら、都会もなかなかのものだなあと、ちょっぴり尊敬する気にもなりました。こんなことを電車の中で考えられるようになったのですから、私もそれなりに都会に慣れてきたのでしょう。でも十年以上たった今になっても、東京は異常だという思いは抜けません。引っ越し当初ほどではありませんが、ストレスは、やはりかかりっぱなしの状態です。

サイズの生物学から現代を考える

ここで問題にした生息密度や行動圏は、どちらも空間が関与しているものです。動物のサイズとこれらとの間には一定の関係が見られるのですが、私たち現代人はその関係から大きくはずれています。

これは何も空間に限ったことではありません。時間についてもそうです。都会の時間は、まったくせかせかしていますね。じつは動物の時間も体のサイズとある一定の関係をもっており、人間はその基準から大きくはずれています。ただし時間は空間と違って目に見えません。満員電車のようには、異常さに気づきにくいものです。

エネルギー消費量も、やはり動物のサイズと関係します。そしてこれについても現代人は異常です。

動物のサイズが変わると何がどう変化するかを調べる学問をスケーリングと呼びます。さっき例に出した生息密度や行動圏のように、スケーリングを用いると、ヒトと同じ体の大きさをもった動物はどの程度の値なのかが分かりますし、それと比べて現代人の異常さも数字で示すことができます。ヒトという動物の自然の中での位置と、現代人という特殊な生きものの位置とが、くっきり浮かび上がってくるのです。

本書ではスケーリングの手法にもとづき、動物の時間やエネルギー消費量について見ていくことにしましょう。この方法を用いると、時間は決して不変ではなく、動物が違えば時間も変わることが分かります。さらに時間はエネルギーと密接に関係していることも見えてきます。時計で計る絶対的な時間以外に「生物的時間」があることをお示しします。

本書の後半では、この新しい時間の見方を使って現代社会を眺めてみました。すると現代人の異常さがはっきりと見えるようになりますし、エネルギー問題や高齢化社会の問題など、現代が抱えている数々の問題が、じつは時間に関わる問題としてとらえられることも分かってきます。生物的時間を使えば、われわれが直面している大問題を違った角度から眺めることができ、解決のヒントが得られるのではないか、さらに私たちの生き方までもが変わるのではないか、というふうに考えを進めていきます。

そして最後には、生物学にもとづく人生論にまで行き着いてしまうでしょう。ここまで来ると、もちろん科学の範囲ではありません。本書は生物学にもとづいた時間論です。かなりきっちりと論理を積み上げ、まじめな本としてつくったつもりです。そこに科学から踏み出したものを加えるのは不適切との批判が出るのは当然のことでしょう。

でもこれはサービス、と私は割り切っています。日常の生活や人生と科学がどう関わっているのかを、一般の人にも分かりやすく語る義務を、科学はもっているはずなのですが、この点に関して今の科学はサービス精神が足りないのですね。本書は違います。生物学から脱線して、たちまちビジネスの時間論になったり、老人と子供の時間の話になったりと、サービス精神にあふれていますよ。内容に沿ったオリジナルソングも要所要所に入っています。

これまでにも「時間」を扱った本はたくさんあります。いろいろ読んではみたのですが、どれも難しいものばかり。物理学者の時間論は、数式が出てくるうえに、宇宙の始まりの時間だとか光速に近いところでの時間だとか、おもしろいことはおもしろいのですが、実生活に何の関係もない話ばかり出てきて、いま一つついていけません。哲学者の書いたものも、抽象的で難しい議論が続き、実感がわいてこないのです。そのような時間論に辟易《へきえき》してきましたから、常識人が日常の生活の中で関わっている時間について考える本を書いてみたかったのです。

本書では時間論をもとに、エネルギー問題や高齢化の問題、環境問題なども論じています。一生物学者として、これら現代の大問題にどう向き合うかも、まじめに考えてみたかったのです。生物について学ぶとともに、生物学の視点を通して現代を、人生を、考え直してみようというのが本書の試みです。

第1章

動物の時間——動物によって時間は異なる

まず動物の時間について考えてみましょう。

動物の時間？　時間とは時計で計るもの、すべてに共通で、何ものにも影響を受けず一定の速度で流れていくもの、こういうものが時間です。いくら動物だからといって、こと時間に関しては何も特別なことなどないはずです。ゾウが腕時計をしていてもネズミが腕時計をしていても同じ時刻を示します。

三次元の空間に時間の次元を加えた四次元の世界の中で、すべてのものは存在しています。生物だって例外ではありません。時間とは、空間とともに存在の枠組みを形成しているもっとも基本的なものなのです。時は万物を等しく駆り立てていくものという、無機的でなんとなく非情なイメージがありますが、生物にも非生物にも、有情のものにも非情のものにも同じ時間が流れており、非情で容赦がないからこそ、万物に共通な枠組みが保証され、私たちは安心してその中で生活していけるわけです。

私もずっとそんなふうに考えていました。でも、動物のサイズのことを勉強しているうちに、ひょっとすると時間は動物ごとに違うのではないかと思うようになってきました。動物には独特の時間のデザインがあり、時間ですら、動物が関わってくると唯一不変というわけにはいかないようなのです。

小さい動物ほど心臓は速い

私たちの体の中で、あ、時間が刻々とたっているなと実感できるのは、なんといっても心臓の拍動でしょう。舞台に立つときなど、心臓がドキンドキンと高鳴って、その一拍ごとに出番が近づいてきます。こんなときには、まさに心臓が時をつむぎ出しているような気にもなるものです。

表1-1　心臓の1拍の時間（心周期）

	体　重	心周期(秒)
ハツカネズミ	30　g	0.1
ドブネズミ	350　g	0.2
ネ　コ	1.3　kg	0.3
ヒ　ト	60　kg	1
ウ　マ	700　kg	2
ゾ　ウ	3　t	3

私たちの心臓は一分間に六〇〜七〇回のペースで、かなり規則正しく打っています。心臓が一回ドキンと打つ時間を心周期と呼びますが、ヒトではおよそ一秒です。

心臓といえばどの動物でもこんなペースかと思うと大間違いです。小さなサイズの動物では、われわれよりもずっと速いのです。たとえばハツカネズミでは一分間に六〇〇〜七〇〇回。一回のドキンに〇・一秒もかかりません。

サイズの小さい動物では心周期は短く、サイズが大きくなるに従って心周期が長くなります。ハツカネズミでは一回のドキンが〇・一秒なのですが、もう少し大きいドブネズミでは〇・二秒、ネコで〇・三秒、ヒトで一秒、ウマで二秒、というふうに、サイズの大きいものほど時間が長くなり、ゾウほどの大物になると三秒もかかってしまいます（表1―1）。

子供の頃、お祭りで買ってきたヒヨコの胸のあたりがやけにピクピクと素早く動いていて、これはいったい何だろうかと不思議に思った記憶があります。大学で生物学の実習を受けて、やっと謎が解けました。あのピクピクは心臓の動きだったのです。

心臓の時間は体重の¼乗に比例する

大きい動物ほど心臓はゆっくり打ちます。サイズと心周期とは関係がありそうなので、二つの関係を、もっと詳しく調べてみましょう。体の大きさを表すのに体重を使うことにします。体重とは生きている組織の量を表していますから、動物のサイズを表すには、もっともふさわしい量です。

表1―1には体重も書いてありますから、表の数字をグラフに表してみましょう（図1―1）。縦軸は心周期、横軸は体重です。目盛りは、縦軸も横軸も、一目盛り増すごとに数値が一〇倍になるような対数目盛りにしてあります。

おもしろいことに、このような描き方をすると、点はほぼ直線上に並んできます。対数目盛りで直線になるということは、心周期は体重のベキ関数で近似できることを意味します。その近似式を図の中に書き入れておきました（なお、このような対数グ

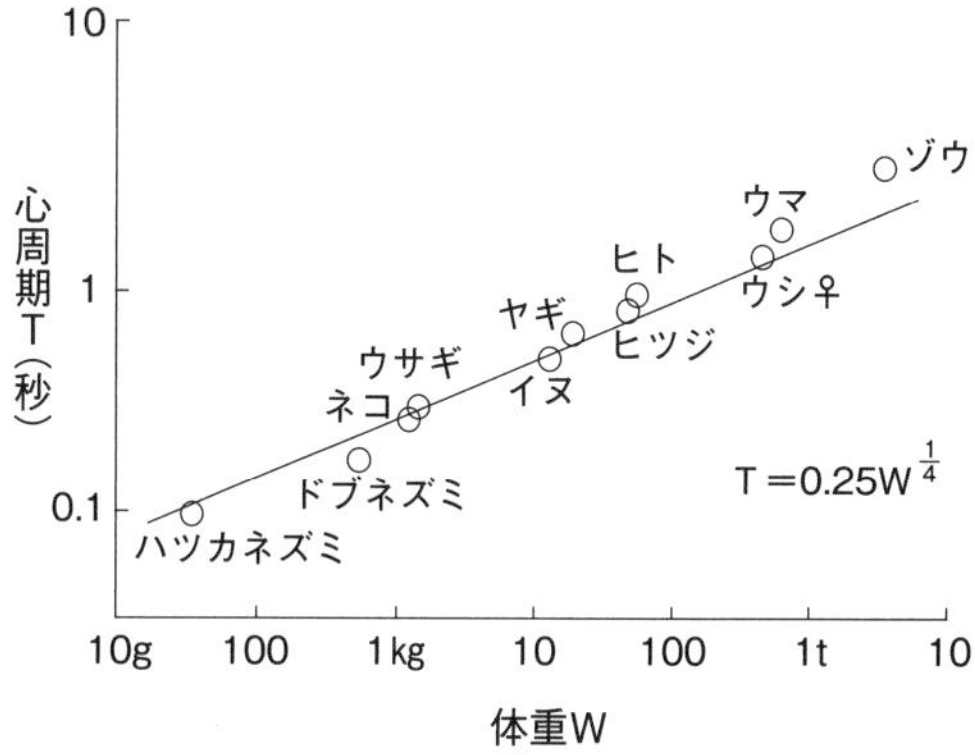

図1-1　心周期（T）と体重（W）の関係

表1-2　時間が体重の¼乗に比例すると、2つの関係は具体的にはどのようなものになるか

体　重	時　間
2倍	1.2倍長くなる
10	1.8
100	3.2
1000	5.6
10000	10
100000*	18

＊30gのハツカネズミと3tのゾウの体重の違い

ラフの描き方やベキ関数については次章でもう少し詳しく説明します）。

式を見ると、体重を示すWの右肩の上に¼という数字が乗っていますね。つまり心周期は体重の¼乗に比例して長くなるのです。

¼乗とは、どうにも分かりにくい関係ですね。一乗ならば正比例なのですが、それより小さい数字ですから、体重が増えると時間が余計にかかるようにはなるのですが、体重に正比例して長くなるわけではなく、体重の増え方よりは時間の長くなり方のほうが小さいのです。

具体的にどんな関係になるかは、表にすれば分かりやすいでしょう（表１－２）。体重が二倍になると時間が一・二倍長くなります。体重が一〇倍だと一・八倍ゆっくり物事が起こります。体重が一万倍だと時間は一〇倍、つまり¼乗とは体重が四桁増えて時間が一桁長くなるという関係なのです。

それにしても心臓がドキンと打つ時間が、こんな簡単な式で書き表せてしまうのですから、驚きますね。

肺も腸も大きいものほどゆっくり動く

心臓の時間がこんなふうに体重の簡単な式で書き表せるのですが、これは心臓に限ったことではありません。肺だって腸だって筋肉だって、時間はやはり体重の¼乗にほぼ比例することが分かってきました。

いろいろなサイズの動物で息を一回吸って吐くのにどれくらい時間がかかるかを計り、それを先ほどのようなグラフにして近似直線を引き、式を求めてみます。肺の動きは心臓の動きよりゆっくりしていますね。だから式は心臓のものと同じにならないのは当然ですが、でもじつは体重の¼乗に比例するところは同じなのです。

息を一回吸って吐く間に心臓が何回打つか、ご自身の体で計ってみて下さい。一呼吸の間に、脈は四～五回打ちますね。これは私たちだけでなく、他の動物でも変わりません。だから、心臓の時間の式を四・五倍すると肺の時間の式になります。つまり肺の式でも心臓の式でも体重の¼乗に比例するところは同じで、違いは比例係数だけなのです。だから体重が二倍のものは一・二倍ゆっくり動く、体重が一〇倍になれば、一・八倍時間がかかるという関係は、肺であれ心臓であれ成り立ってしまいます。

もっと細かいことを言えば、心臓の場合はぴったり¼（つまり〇・二五）乗に比例するのですが、肺の場合はほんのちょっとこの数字がずれ、〇・二六になります。でもこれは誤差範囲とみなせるものでしょう。生きもの相手の実験ですから、いろいろと誤差が入ってきます。また、そもそもばらつきがあるのが生きものというものでしょう。完全に同じというわけにはいきません。

腸が食べ物をじわっじわっと送る、その一回のじわっの時間も体重の¼乗にほぼ比例します。この場合はもう少し¼からのずれが大きくなっています。こんなふうに、それなりのばらつきは見られるのですが、動物の時間に関するいろいろな事項を計ってみると、だいたいどれも体重の¼乗に比例するという結果になりました。心臓をはじめ、肺や腸の動きの時間の式は巻末の付録2（284ページ）に掲げてあります。

筋肉がピクッと一回縮む、これを「れん縮」と呼びますが、このれん縮の時間を計ったデータもあります。筋肉といっても、私たちの体を構成している筋肉には、素早く縮むものもあればゆっくりと縮むものもあり、縮むのに要する時間はいろいろなのですが、指のこの筋肉、というふうに特定すれば、体の小さい動物から大きいものまで、その筋肉のれん縮時間を比較することができます。

そのようにして求めた結果でも、やはり時間は体重の¼乗に、だいたい比例します。筋肉の場合でも、小さい動物ほど収縮に要する時間が短く、大きいものほど時間がかかるのです。ネズミが耳を掻《か》くところを見て、よくもまあ、あんなに速く動かせるものだと感心するとともに、なんでこんなに速く耳を掻く必要があるのかと、いぶかしく思ったものですが、これはそもそも時間が違うんだと思えば、納得できるようになりました。

寒いときに体がガタガタと震えますね。この一回のガタの時間を計った人がいます

（こんなものを計ってしまうところが生物学者たるゆえんでしょうが……）。一回のガタに要する時間も、やはり同じような関係になりました。大きいものほど、ゆっくり震えるのです。私たちは「ガタガタ」と形容しているけれど、ネズミが言葉を使うとするなら「プルプルプルッ」だし、ゾウだったら「ユッサ、ユッサ」ということになるかもしれません。言葉の使い方だってサイズに影響されているのです。

大きいものほど寿命も長い

ここまでの例は、いろいろな生理的な現象に関わる時間でした。ではもっと長い、一生に関わる時間はどうなのでしょうか？

ここでもやはり時間は体重の1/4乗に、ほぼ比例します。成獣のサイズに達する時間、性的に成熟するまでの時間、懐胎期間など、みな体重の1/4乗にだいたい比例するのです（283ページ・付録３）。

懐胎期間は私たちヒトでは十月十日《とつきとおか》、ネズミではずっと短くて三週間、ゾウの場合は六〇〇日だから二年近くも胎内に入っていることになります。やはり体の大きいものほど時間が長く、この場合は体重の1/4乗にピッタリ比例します。

寿命という時間はどうでしょうか？　動物の寿命は計るのが難しく大変な作業なのですが、動物園で事故や病気ではなく長生きして死んだもののデータがあります。これも大きいものほど寿命が長く、小さいものは短命であり、体重の〇・二乗に比例します。体重の¼乗（〇・二五）にほぼ比例するのです。

個体の寿命はこうなのですが、その個体を構成している要素にも寿命があります。生体を構成しているタンパク質は体内で新陳代謝しており、たえずつくられては壊され、つくられては壊されしていますので、タンパク質にも寿命があるわけです。たとえばγ－グロブリンという血漿《けっしょう》中にあって免疫に関係しているタンパク質では、寿命は体重の¼乗にかなりピッタリ比例します。

体を構成している代表的な要素といえば細胞でしょう。細胞にも寿命があります。脳の神経細胞や心臓の筋肉のように、個体とほぼ同じ長さの寿命をもつ細胞もあるのですが、血球や、皮膚や腸の上皮《じょうひ》細胞のように、しょっちゅうつくり替えられている細胞もたくさんあります。たとえば赤血球の寿命は、私たちでは一二〇日ほどですが、これは体重の〇・一八乗に比例して長くなり、やはり¼乗にまあまあ近い数字です。体の構成要素の寿命においても、体の大きい動物ほど長いのです。

動物の時間は体重の¼乗に比例する

今までに掲げたのはほんの一例です。哺乳類や鳥類、つまり体温が一定の恒温動物において、時間に関わる現象と体重との関係が、もっとさまざまな例で調べられてきました。それらの結果は、みな体重の○○乗に比例していると書き表せるのですが、その○○の値は、ほとんどが¼に近い数字です。それらの数字を単純に平均すると¼になってしまいます。だから「動物の時間は体重の¼乗に比例する」と一般化してもよいと思われます。

ゾウの時間・ネズミの時間

体重の¼乗ですから、体重が二倍になると時間が一・二倍ゆっくりに、体重が一〇倍だと時間が一・八倍長くなります。

このような関係が成り立つとすると、体重が一〇万倍違えば、時間は一八倍違うという計算になります。ちなみにこれは三〇グラムのハツカネズミと三トンのゾウの体重の違いに相当するのですが、だとすると、ゾウではネズミよりも時間が一八倍ゆっくり流れているのかもしれません。

一八倍とは相当な違いです。これを実感するために、以前テレビでこんな映像をつくりました。私が盛りソバを食べているところを撮影し、それを一八倍のスローモーションで再生したり、逆に一八倍速く再生して見比べてみたのです。

一八倍ゆっくりにすると、画像はほとんど動かないといってもいいくらいです。箸も動かず口は開いたまま。動かない画面は、いかにも間が抜けて見えるものです。こんなものをえんえんと出しておくのも馬鹿みたいだから、結局、一口もソバを口にすることなく、次の早送りの映像に移してしまいました。

さて、一八倍の早送りにしますと、箸もソバもピュッと動きます。目にも留まらないほど速い、といったら少々大げさですが、でもあっという間にソバの山はなくなってしまいました。

これがそのままゾウやネズミに当てはまるとしましょう。すると、ネズミから見れば、ゾウなんてただ突っ立っているだけで全然動かないように見えるわけで、「あれは本当に生きているのかしら?」とネズミは思ってしまうかもしれません。逆にゾウから見れば、ネズミなんてピュッといなくなってしまいます。「あんなもの、はたしてこの世にいるのかねぇ?」とネズミの存在そのものまでも、ゾウは疑わしく感じているのかもしれませんね。

もちろん動物たちが実際にどう思っているかは分かりません。でも、ゾウとネズミのようにこれだけ生きるペースが違っていれば、たとえすべての動物に万物共通の時間が流れているとしても、その時間のもつ意味や、その時間を使っての生き方が、動物ごとに大きく異なっていても不思議はない気がします。

ゾウとネズミと、たしかに両者ともこの地球上に生きてはいるのですが、彼らが同じ世界に住んでいるのだと、そう簡単に言い切るわけにはいかないでしょう。いっそのこと、ゾウとネズミは違う時間、違う時空、違う世界の中に住んでいるのだと見たほうが、かえってすっきりするように私には思えます。だからこそわざわざ「動物の時間」という、時計で計るのとは別の時間を考えてみたいのです。

違う動物と付き合うには

動物の時間は体重の¼乗に比例します。¼乗というのは、関数電卓でルートを二回押せば答えが出るのですが、いま一つ分かりにくい関係でしょう。ちょっといいかげんだけれど「時間は体の長さ（体長）に比例する」と考えても、おおよその見当はつけられます。体長は体重の⅓乗に比例し、⅓と¼とは、まあ似た数字だから同じとみなしてしまえば、こんな関係になるのです。

家にネコとイヌを飼っているとしましょう。イヌの体長はネコの二倍あり、私の体長はイヌのさらに二倍あったとします。するとネコの時間よりもイヌの時間のほうが倍ゆっくりで、イヌの時間よりも私の時間は、さらに倍ゆっくりだという、おおよその関係になります。

こんな関係があったとすると、私がネコと一五分遊んだら、ネコにしてみれば一時間遊ばれたということになってしまうでしょう。これではいくら猫可愛がりしても、相手にとってはいい迷惑、ということになりかねません。

ここが違う生きものと付き合うことの難しさです。時間までもが違うのですから、それなりの配慮と覚悟をもって接する必要があります。「飼ってやってるんだから、こっちに合わせろ！」といって済ましていいのかは疑問です。

「環境にやさしい」というのが、昨今のはやり文句ですね。「環境にやさしい技術」「環境にやさしい生き方」等々、よく耳にします。

ところでその環境ですが、環境のかなりの部分は、生物によってつくられた生物環境なのです。だから今までの話からすると、生物にやさしく、そして環境にもやさしくなろうとするならば、当然、生物の時間を考慮しなければいけないことになるでしょう。でもこのような配慮はなされてきませんでした。今までの「やさしさ」は猫可愛がりと同じで、こちらが一方的にやさしいと思い込んでいただけのことかもしれませんね。

時間とは存在のもっとも基本的な枠組みです。ところがそれが違うというようなことは、まったく考えられていないのです。もっとも基本的なところで間違ってしまっていたら、いくら真剣に考え、善意をもって事に当たったとしても、やられた相手にとってはいい迷惑というケースが出てくるのは当然でしょう。

生きものたちと正しく付き合い、生物や環境にやさしい技術を開発するためには、まず時間までもがわれわれとは違うのだということを肝に銘じておかねばなりません。人間の常識がすべての生きものに当てはまるわけではないのです。

生物学を学んではじめて、時間がいろいろ違うのだということを知ることができます。二十一世紀においてもっとも重要な課題の一つは「環境にやさしい技術」を開発し、「環境にやさしい生き方」を見つけて実践していくことですが、それを考えるにあたって、生物学の知識は不可欠なものなのです。

一生に心臓は一五億回打つ

でも、こんなことを言うと、技術者や科学者は、やっかいなことを言い出したな、と嫌な顔をなさるかもしれませんね。そもそも科学者とはスッキリ指向の強い人間です。今まで時間は時計で計るもの唯《ただ》一つでスッキリと理解できていたのに、こんな時間もある、あんな時間もあると、いろいろ持ち出してきてゴチャゴチャにするのですから、これは、科学者や技術者には歓迎されない考え方なのかもしれません。

見た目はいろいろ違うように見えても、じつはみんな同じ、一つの同じ原理で説明がつくようにするというのが「正統的な」科学の立場なのです。その立場からすれば、時間がいろいろ違うと考えるよりは、時間はみな同じだと言うほうがいいに決まっています。だからこそ、ここで論じてきたような時間の違いなど、今までまじめに取り上げられてはこなかったのでしょう。

生物で時間といえば、サーカディアンリズム（概日《がいじつ》リズム）という二四時間の時計に合ったリズムだけが注目されてきました。サーカディアンリズムなら、ゾウリムシでも植物でも私たちでも、およそ二四時間で、すべてが地球のリズムと同調しており、これなら話はスッキリしています。

こういうすべてに共通のリズムがあっても、もちろんかまいません。あって当然です。生物は環境に適応しているものですから、地球が二四時間のリズムをもつならば、当然、それに適応して二四時間リズムを示すようになるでしょう。ただしその二四時間が、どの生物でも同じ重みをもっているかを問題にしたかったのです。

そのような意図の下にここまでは、生きものの時間はそれぞれに違う、という点を強調してきましたが、この違うという視点に立つと、逆に生きものは同じだという面が見えてくるという話をこれからいたしましょう。

動物の時間は、だいたいみな体重の¼乗に比例しています。すると、何でもいいから時間を二種類、組み合わせて一方を他方で割ると、体重の項が消えて定数になってしまいます。

手始めに、呼吸の周期という時間を心臓の周期で割ってみましょう。答えは約四・五（280ページ・付録4に計算の式を掲げておきました）。これは呼吸を一回する間に心臓は四・五回打つことを意味します。この関係は体重によりません。ゾウでもネズミでも、そして（先ほど確かめたように）私たちでも成り立つ関係です。

ちょっと不思議な気がしませんか？　ハツカネズミの心臓はものすごく速く打っています。一回のドキンに〇・一秒もかからないのですし、ゾウでは一回に三秒もかかるのですから、二つはずいぶん違うものでしょう。時計の時間で比べればそうです。でもどちらも、ひと呼吸する間に心臓は同じ回数だけ打つというのです。

では寿命という時間を心臓の時間で割ってみましょう。

答えは約一五億。ゾウもハツカネズミも一生の間に心臓は一五億回打ちます。心臓が一五億回打てばどちらも死を迎えることになるのです。

ハツカネズミの寿命は二～三年、インドゾウは七〇年近くも生きるものです。時計で計る時間で比べれば、ゾウは桁違いに長生きなのですが、一生に心臓が打つ回数は、どちらも同じ。じつに不思議な事実です。

心臓時計

おのおのの動物の心臓の拍動を時計として使ってみましょう。

「心臓時計」という考え方をするわけですね。すると、肺の動きは四・五拍分、一生の長さは一五億拍分となります。心臓時計なら、哺乳類はみな同じだけ生きて死ぬという、平等で大変めでたい話になってきます。

心臓時計を使ってもっといろいろな時間を言い直してみましょう。

一回の肺の動きは心臓四・五拍分でしたが、腸が一回じわっと蠕動《ぜんどう》する時間は一一拍、血液が全身をひと巡りしてまた心臓に帰ってくるまでの時間は八四拍、懐胎期間は二三〇〇万拍、性的に成熟するまでの時間は九五〇〇万拍、大人の大きさに達する時間は一億五〇〇〇万拍、そして寿命は一五億拍。

ただしこれらはおおまかな数字です。心周期の式はピッタリ体重の¼乗になっていますが、他の時間はそれから少々ずれているものもあり、その分は無視してあります。また、子供の時代は大人よりも心臓の動きが速いのですが、それも無視して大人の心周期で計算してあります。

ここまでは心臓時計を考えて話を進めてきましたが、何も心臓に限ることはありません。肺だって時計に使えます。「肺時計」なら、一生の間に三億回、息をスゥハァすると寿命となります。これは哺乳類に限らず、鳥類をも含めて恒温動物に広く当てはまることです。

ゾウとネズミは、物理的な時計をもとに考えればまったく違って見えるものなのですが、このように生きものにとって意味のある時間単位（たとえば心臓の拍動）を使うと、隠れた共通性や法則性が見えてくるのです。時間の見方を変えれば、生きもののデザインが見えてきます。

物理的時間・生物的時間

時計で計る時間を「物理的時間」、ここでお話ししてきた生きものの時間を「生物的時間」と呼んで区別することにしましょう。

私たちの体は原子や分子でできており、それらを統《す》べる物理法則が、体にももちろん当てはまります。生きものにも物理的時間は流れているのです。

ただし生物はたんなる原子や分子の集合物ではありません。私たちの体は生きものに特有の形にデザインされています。これは形だけに限ったことではなく、時間の場合もそうでしょう。体重の¼乗に比例するわけですから、生きものは特有の時間のデザインをもっていると考えていいと思われます。だから物理的時間の上に、さらに生物的時間の存在を認めてはじめて生物を理解でき、また生物の一員である私たち自身をも、本当に理解できることになるのだと私は考えています。

私たち現代人は、物理的時間が唯一の正しい時間だという、大変に強い思い込みをもっています。これは当然かもしれません。現代のこの物質的繁栄を築いたのは技術であり、その基礎になっているのはニュートンの物理学です。ニュートンは、時間とは全宇宙どこでも同じ、一定の速度で一直線に流れていくものだと考え、これを「絶対時間」と名づけました。時間がどこでも同じだからこそ、天体の運動もリンゴが木から落ちるのも、同じ時間の微分方程式で書き表せるのです。これは科学の偉大な成果です。

このニュートン力学をもとに近代技術が発達しました。技術だけではありません。すべての科学もそうです。時間が同じだからこそ、世界のどこで実験しても同じ結果が得られるのですし、また世界中同じ時間だからこそビジネスも成り立つわけです。ビジネスの基礎もまた物理学だと言えないこともありません。実際、経済学の教科書を覗《のぞ》くと、時間の微分方程式がたくさん出てきます。

時間とは存在の枠組みです。そしてニュートンの絶対時間が、その枠組みとなって現代社会をつくり上げており、現代人の思考の枠組みをも決めているのです。もちろん相対性理論の世界では、物理学においても時間は変わります。でもこれは光の速度に近い場合であり、日常では経験できない世界のことです。日々の暮らしにおいては、時間は一つ、絶対変わらないものだと、私たちみんなが思って生活しています。物理的時間が私たちの唯一の時間になっているのです。

このような見方に対して、別の時間もあるのだということを本書では指摘したいのです。生きものには生きものの時間があるのです。ならば当然、生きものを理解するには、その時間を使わなければいけないでしょう。振り子や水晶発振器という物理的な時間の単位だけですべてを考えてしまう現在のやり方は、ずいぶんと狭い見方だし、賢いやり方とは思えないのです。

生物にとって意味のある時間の単位とは、そして人間にとって意味のある時間の単位とはどんなものかを、いつも考えながら、意識的に時間というものを見つめていく必要があると私は思っています。安易に時間は一つなどと思い込んではいけません。それに、時間が一つだけと考えるのは窮屈でしょう。いろいろな時間があったほうが自由になりますし、いっぱいあれば豊かだし楽しくなるのではないでしょうか。

ひと口に時間といっても、時間にはいろいろな側面があるということでしょうね。

こういうたとえ話をすると分かりやすいかもしれません。ここにリンゴの木があります。その枝の上からリンゴを落とす、同時に鉄の塊も落とす。ネズミも落とす、ゾウも落とすとしましょう。同じ高さから落とせば、みな同時に地面に着きます。そういう意味では、すべてに同じ物理的時間が流れているのは間違いのないことです。ただしこれは、リンゴや鉄やゾウやネズミから、すべての違いをぬぐい去って、たんに落ちる物体（落体）としてものを見る見方なのです。このような見方をすれば、すべてに同じ物理的時間が流れており、みなが同時に下に落ちるのです。

でも、ネズミは落ちている間に「おっ、落ちる落ちる落ちる、どうしよう！」などと、いろいろ考えているかもしれません。ゾウはというと「あ・れ・え？」なんて言っている間にドスーンと落ちて、それでおしまい。だからゾウやネズミという個々の違いに注目すれば、そこには、やはりゾウの時間も流れているし、ネズミの時間も流れているのではないでしょうか。

生物的時間は繰り返しの周期

「生物的時間」と私が呼ぶものを、もう少しはっきりさせておきましょう。「生物に関わる時間を、生物の体の中で繰り返し起こる現象の周期を単位として計ったもの」を、「生物的時間」と呼ぶことにします。心臓がドキンドキンと繰り返し打ったり、肺が呼吸を繰り返したりという、体の中で繰り返し起こっている現象の一回分の時間を単位として、生物の時間を考えるのです。繰り返しだから、くるくる回っていると考えてもいいでしょう。その一回転の時間（つまり周期）を時間の単位として考えるものです。

体の中の周期には短いものも長いものも、いろいろあります。寿命は特別に長い周期です。おや？　と思われるかもしれませんね。だって私たちにとって一生は一回きりのもので、寿命は繰り返しではありません。でも、個人にとっては繰り返しでなくても、ヒトという種で考えれば、親が生まれて死んで、子が生まれて死んで、孫が生まれて死んで、という繰り返しの単位が寿命だと見ることができます。

体重の¼乗に比例するものの例として、筋肉が一回ピクンと縮む時間などというものもありました。これも繰り返しではないのですが、やはり背後に繰り返しのメカニズムをもっています。

筋肉が縮む際には、筋肉をつくっているミオシンというタンパク質から伸び出した「手」が、隣接する細いアクチンの糸をつかんで引っ張りこみます。一回にミオシンの手の動ける距離は限られているので、ちょっと引っ張って、手を持ち替えてまた引っ張りと、手は動作を繰り返してアクチンの糸を動かしていきます。このミオシンの手の繰り返す周期により、全体の筋肉の収縮時間が決まります。サイズの小さな動物ほどミオシンの周期は短く、収縮に要する時間も短いのです。

このように、生物的時間は、一見、繰り返しには見えないものでも、何らかの繰り返しの過程によって基礎づけられていると考え、生物的時間は、基本的には繰り返して回るものだと考えたいのです。

回る時間・直線的な時間

生物的時間は回って元に戻ってくるのだから「回る時間」、円運動をするから「円い時間」、くるっと環をつくるから「円環的時間」などと呼べるものでしょう。一方、物理的時間は元に戻ることはありません。まっすぐに流れ去る「直線的時間」です。「円」対「直線」、この二つは違う性質の時間だと考えたいのです。

生物学と物理学の時間の見方の違いを強調する意味で、このように円と直線に、はっきりと区別してしまったのですが、こうしたのには別の理由もあります。

じつは時間を回るものと見るか直線的なものと見るかは、古来人類がとってきた、時間の代表的な二つの見方なのです。民族により時代により、人びとは時間というものを、それぞれの仕方でとらえてきました。そのとらえ方を大別すれば、回って繰り返すか、直線的に流れていって元に戻らないかの、どちらかだったのです。

回る時間観をもっていた民族としては、古代のマヤや古代ギリシャなどが有名です。

私たち日本人も回る時間の中で生きてきたようです。六〇歳で還暦などというのは、暦（＝時間）が回って還ってくるのだから、これはまさに時間が回るという考え方です。仏教では輪廻《りんね》といいます。これも生まれ変わるのだから、時間が回って元に戻っています。元号もそうかもしれません。昭和は六四年で終わり平成元年となったのですが、これは時間がゼロに戻ってスタートしなおしたと見ることもでき、時間が回ったとも言えるでしょう。

還暦（十干十二支）や元号は中国由来、仏教はインド由来のものですが、日本固有の時間も回っていたようです。日本人にとって新年は昔から特別な意味をもっていました。天皇が去年と同じ年がくるようにと祝詞《のりと》をよむことにより、新しい年が始まります。年が改まって繰り返すのですから、これも回る時間と考えられるでしょう。

私は長らく沖縄に住んでいました。沖縄では九七歳になると「カジマヤーの祝い」をします。カジマヤーとは風車のこと。人は年をとると子供に還ると考えられており、お年寄りに風車を持たせて祝います。風車がくるくるくるくる風を受けて回る。これはまさに時間の象徴ではないかと、いたく感じ入って眺めていたことがあります。沖縄には日本の心情の古い部分が多く残っていると言われていますが、私たち日本人の時間は、基本的には回るものではないでしょうか。

このような回る時間に対し、直線的な時間をもつ人びとの代表としてキリスト教徒があげられます。キリスト教においては、神がこの世を創ったときから世の終末まで、時間は一直線に流れていきます。時間も神が造り出したものであり、時間は神のもの、絶対的なものです。私たちがどうあがこうと、時間が変わることなどありません。それこそゾウであろうとネズミであろうと私たち人間であろうとまったく関係なく、同一の時間が流れることになります。

このまっすぐで絶対的な時間が、ニュートンを通して科学の世界に入ってきました。ニュートンは敬虔なクリスチャンで、神の創造の意図を自然の中に読みとり、その素晴らしさを賛美しようという意図の下に、あの壮大な物理学の体系をつくり上げました。自然の中に神のデザインを読みとろうとしたわけです。その際に、彼は「絶対時間」という概念を使いました。何ものにも影響されず、同じ速度で一直線に流れる時間です。ニュートン力学が成り立つためには、必ずしもこのような時間の概念は必要なかったのですが、ニュートンとしては、自然の中に神のデザインを読みとるに際して、時間もやはり、神の時間に似た絶対的なものとして考えたかったのでしょう。物理的時間が直線的なものとなった経緯は、このような歴史的なものだったのです。

一生に使うエネルギーは三〇億ジュール

物理的時間は直線的なのに対し、生物的時間は繰り返す回る時間です。小さい動物ではクルクルと時間は速く回るし、サイズの大きい動物では時間はゆっくりと回転します。回転の周期は体重の¼乗に比例して長くなるのです。

ではなぜ小さいものは速く回るのでしょう？　なぜ体重の¼乗なのでしょうか？　じつは誰も答えを知らないのです。

正解は分からないのですが、私はエネルギー消費量が関係してこうなっているのではないかと想像しています。動物のエネルギー消費量については次章で詳しく述べることにしますが、動物のサイズとエネルギー消費量との間には、特別な関係が知られています。

体の大きいものほどたくさんエネルギーを使います。これは当然でしょう。ただし体重とエネルギー消費量とは正比例しません。体重の増え方ほどにはエネルギー消費量は増えないのです。だから結局、体の大きいものほど、体重のわりにはエネルギーを使わないことになります。体重あたりのエネルギー消費量（比代謝率、基礎代謝強度とも呼ぶ）は体重の¼乗に反比例して減少します。

時間は体重の¼乗に正比例していました。そして比代謝率は体重の¼乗に反比例するのです。

どちらも同じ¼乗。正比例と反比例の違いはあるのですが、同じ¼乗です。同じ数字になるのだから、時間とエネルギーとの間に因果関係がありそうな気がします。でもそうではなく、たんなる偶然の一致かもしれません。

正解は分からないのですが、いずれにせよ同じ¼乗。一方が正比例で他方が反比例なのですから、この二つの関係式を一緒にすれば、時間と比代謝率とは反比例することになります。

反比例するもの同士を掛け合わすと、一定値になります。時間と比代謝率とを掛け合わせると体重の項が消えてしまい、体重によらない値が出てくるのです。時間としては、何をとってもかまいません。

時間として心周期をとり、これに比代謝率を掛けると、答えは一ジュールになります。心臓が一回ドキンと打つ間に一キログラムの組織が使うエネルギーは一ジュールなのです（282ページ・付録5）。これはゾウであってもネズミであっても同じです。ただしゾウは一回のドキンに三秒かかりますので、三秒で一ジュール使うのですが、ネズミはたった〇・一秒の間に同じ量のエネルギーを使うわけです。

では、比代謝率に寿命という時間を掛けてみましょう。すると一生の間に使うエネルギーは一五億ジュールと計算できます。ゾウの寿命は約七〇年です。七〇年間に一五億ジュール使います。ネズミの寿命は約三年です。この三年の間に、やはり一五億ジュール使うのです。

別のやり方でも同じ答えが得られます。ゾウもネズミも心臓一回分で一ジュール使います。そして一生の間に心臓は一五億回打つのですから、やはり一生に一五億ジュール使うという結果になりますね。

ただし一五億ジュールというのは、ちょっと少なく見積もりすぎです。心臓一回に一ジュール使うというのは、安静にしているときのことです。次章で詳しく述べますが、働いて寝てという一日の活動を平均すると安静時のほぼ二倍のエネルギーを使いますので、一生の間に使う、より現実に近いエネルギー消費量は三〇億ジュール（一五億×二＝三〇億）となるでしょう。

一生の間にゾウもネズミも心臓は一五億回打ち、エネルギーは三〇億ジュール使います。どちらも同じなのです。

ネズミはF１・ゾウはファミリーカー

こんな計算結果を知ると、動物のイメージとして次のようなものが浮かんでくるでしょう。動物の体の中では、いろいろな装置が回転しながら働いています。ある特定の装置に注目すると、小さい動物のものほど速く回転しており、エネルギーもたくさん使います。装置は一定の総回転数（これは動物のサイズに無関係）を回り切れば壊れるようになっています。結局、小さいサイズの動物ほど速く回り、早く規定の回数に達して早く寿命になるわけです。

自動車にたとえてみましょう。ネズミはＦ１レーシングカー。ガソリンをどんどん燃やし、エンジンをフル回転させ、猛スピードでサーキットをブッ飛ばします。速いことは速いのですが、壊れるのも早い。

ゾウはファミリーカーというところでしょうか。ガソリンを少しずつ使いトロトロと走ります。スピードは出ないけれども、長い年月の間使用可能です。このように速度や耐用年数には大きな違いがあるのですが、車の一生の間にエンジンが回転する総数はどちらも同じなので、結局、一生に走り切る総走行距離も同じになります。

普通に考えれば「ゾウは大きくて長生きで偉いなぁ、それに比べてネズミなんて、ちっぽけですぐに死んじゃって、哀れなやつだ」という感想をもってしまいます。でも、ネズミは短いとはいえ、エネルギーをたくさん使って全速力で一生を駆け抜けており、一瞬一瞬が、ものすごく密度の高い時間なのです。逆にゾウは長いといっても、少しずつしかエネルギーを使わず細く長〜く生きているのですから、「あんなもの、密度の薄いスカンスカンの人生じゃないか」という見方だってできるでしょう。どっちが偉くてどっちが哀れか、そう簡単には決められません。

見方によって、ずいぶんと変わって見えるものなのですね。一つの見方をすれば、あるものが良くて他はダメとなってしまっても、別の見方をすれば、良い悪いが逆転します。

私は生物学者ですから、それぞれの生きものの一番いい見方をしてほめてやるのが、生物に対する礼儀だと思っています。ゾウは長生きでエライ！　ネズミは充実した濃密な一生でエライ！　そしてもちろん、どちらも同じ一五億回、三〇億ジュール。みんな平等でめでたい！

ゾウもネズミも、一生に同じだけのエネルギーを使うのですから、生涯を生き切った感慨は、あんがい変わらないものなのかもしれませんね。

一生のうた

本川達雄

一生のうた

一、ゾウさんも
ネコもネズミも心臓は
ドッキン　ドッキン　ドッキンと
一五億回打って止まる

二、ウグイスも
カラス　トンビに
ツル　ダチョウ
スゥハァスゥハァスゥハァと
息を三億回吸って終る

三、けものなら
みんなかわらず一生に
一キログラムの体重あたり
三〇億ジュール消費する

時間の速さはエネルギー消費量に比例する

生物的時間とエネルギーの関係について、もう少し考えてみることにしましょう。時間と比代謝率とは反比例していました。つまり時間の逆数（1／時間）と比代謝率とは比例するのです。時間の逆数とは「時間の進む速さ」と言ってもいいでしょう。すると「時間の進む速さは比代謝率に比例する」ことになります。つまり動物の体の中では、エネルギーを使えば使うほど時間は速く進んでいくのです。

この関係は、とてもおもしろいと私は思っています。普通、時間は何ものにも影響されず一定の速度で流れていくと考えられているのですが、動物が関わってくると、時間の速度がエネルギーと関係してくるのです。

ただしこれは見かけ上の関係です。体重と時間の関係式と、体重とエネルギー消費量の関係式という、別々の近似式を組み合わせて導き出されたのがこの式です。だから、時間とエネルギー消費量とがきっちりとかみ合っていて、エネルギー消費量が増せば必ずそれだけすべての時間が速くなるというわけではありません。また、これはあくまでも近似式であり、だいたいこういう傾向があるということです。時間とエネルギーとの間に直接的な因果関係があるかどうかは、未解決の研究課題なのです。

生命と伊勢神宮

そうは言いながら、エネルギー消費量と時間の間には、密接な関係があるに違いないと私は考えています。そう考える理由を述べたいのですが、まず、エネルギーの話はちょっとわきに置いておき、そもそも「生命とは？」という大きな問いから考えを進めていきましょう。

生命とは永遠を目指すものだと私は考えています。そういうものだからこそ、私たちはみな、不老不死を願ったり、それがかなわなければ、自分を永遠にこの世に刻印しようと不朽の墳墓をつくったりし続けるのでしょう。

どうしたら永遠に生き続けられるでしょうか？　すぐに思いつく答えは、絶対に壊れない体をもてばよいということです。

体は構造物だから、建物を例にとって考えると分かりやすくなるでしょう。永遠に残る建物をつくりたければ、絶対壊れないように建てねばなりません。世の権力者たちは壊れずに後世までずっと残る建築物をつくろうと、繰り返し繰り返し試みてきました。でも、絶対壊れないぞと願って建てたもののほとんどは、跡形もなくなっています。ピラミッドは例外中の例外。奇跡的に残っているものですが、それでもつくられた当時そのままというわけではありません。まあ、廃墟と言っていいものでしょう。つまり絶対に壊れないものをつくろうとしても、それは実現性のほとんどない虚しい作業です。このことは歴史が実証しています。

永遠に残る建物をつくるには、じつはもっと別のやり方があるのです。形あるものは壊れるに決まっているのですから、絶対壊れないようにするのではなく、定期的にまったく同じものを建て替えていけばいいでしょう。

これが伊勢神宮方式です。二〇年ごとに建て替えることにより、伊勢神宮は千年以上たった今も、木の香も新しく、それでいて昔通りの姿で私たちの目の前に存在しています。

これは永遠に壊れない建物をつくる、じつに現実的な優れたやり方だと言えましょう。でも建築史上では、ほとんど他に例を見ないものです。伊勢神宮方式を編み出した私たちの祖先は、きっと独創的でじつに頭のいい人たちだったのですね。

建築物としてはまったく例のない伊勢神宮方式なのですが、身の回りでは、ごく普通に見られるやり方です。じつは生物がこれを採用しているのです。

生物は設計図を残し、それにもとづき定期的に体をつくり替え、永遠に続くことを目指しています。自分そっくりの子をつくり、自身は土に還っていきます。

新たにつくり替えるのですから、時間はそこでゼロに戻ったとみなせるでしょう。ここでは時間が回っています。建て替える作業を繰り返し、時間を回して続けていけば、永遠を手に入れることができるのです。

私が初めて伊勢神宮を訪れたのは十数年前のことです。内宮《ないくう》の拝殿でお参りをし、人気の少ない裏手のほうにぶらぶらと歩いて行ったところ、「踏まぬ石」の石段に出ました。段の途中にたたずんで「なぜ式年遷宮《しきねんせんぐう》などというめんどうな建て替え作業をするんだろう?」とぼんやり考えていた、そのときです。ハッと生命と伊勢神宮の類似に気づかされました。

伊勢神宮こそ、まさに生命の本質を衝《つ》いたものなんだ! 神道には聖書のようなしっかりした書物もなく、宗教として一流とは言いがたいと思っていたけれど、こんなふうに目に見える形ではっきりと生命の本質を教えてくれている。これは並々ならぬ宗教だし、このようなやり方を生み出した私たちの先祖は、独創的で、じつに確かな生命観をもっていたわけだ。日本人の生命観を形に表したものが伊勢神宮なんだ!――これこそ神のお告げというものでしょう。私は椎の梢を通して来る金色の光の中で、長いこと、じっとたたずんでおりました。

回転する生命とエネルギー

体であれ建物であれ、建て替えるにはエネルギーが必要になります。物は使えば当然すり減ってきますから、エネルギーを注入して元に戻してやるのが建て替えの作業とも言えるでしょう。つくり替えることにより時間は元に戻って新たにサイクルが始まります。時間は回ります。

熱力学の第二法則によればエントロピーは増大します。エントロピーとは無秩序さの尺度。エントロピーが大きいほど無秩序ででたらめです。「まわりから切りはなされた孤立系の中で自然に起こる過程では、必ずエントロピーは増加する」というのが熱力学の第二法則です。

私たちの体のように複雑で秩序だった構造物は、放っておけば無秩序になるように崩壊していくものです。つまりエントロピーの増える方向に物事は進んでいくのです。だからエントロピーにもとづいて考えると、時間は必ず一定方向に流れていき、元には戻りません。物理的時間が後戻りしない直線的なものである理由の一つは、熱力学の第二法則に根拠があります。

ところが生きものは、エネルギーを注入することによりエントロピーの増大を抑え、元の秩序だった体に戻しています。

これは時間が元に戻ったとみなしていいことでしょう。ここが物理的時間と生物的時間の、大きく違うところです。

生物的時間は元に戻ります。それができるのはエネルギーを外から供給するからです。生物はエネルギーを注ぎ込むことにより時間を戻しているのです。ここで時間とエネルギーとが関わってくるわけです。

寿命というレベルでこのことを考えてみましょう。体は使えば使うほどエントロピーが増大します。つまり壊れていきます。それをわれわれはエネルギーを注入して直しながら使っているのですが、でも長年使用し続けていれば、これ以上直すよりは、捨ててしまって新しいのにつくり替えたほうが経済的という時期がくるでしょう。そこで新しく自分とそっくりの子供をつくり、古い体（つまり親）のほうは壊れて死ぬにまかせます。

新しく個体をつくるには多大のエネルギーが必要です。そして新しくなったということは時間がゼロに戻ったということですから、つまりはエネルギーを注ぎ込むことにより、時間が元に戻っていることになります。誕生から死へ、また誕生から死へと繰り返すのが生物ですから、時間がくるくる回っているわけで、この一回転が寿命という時間になります。

生理的現象、たとえば細胞内の酵素の働きというレベルでも考えてみましょう。酵素は、ある働きをすれば形が変わります。それを元に戻してやらなければ、また次に働くことはできません。そこでエネルギーを使って元の形に戻してやります。これで一つのサイクルが完了します。ここでもエネルギーを使って時間を元に戻しているわけです。

結局、働けば働くほど体は壊れるわけだから、それを元に戻すにはエネルギーがいるものなのです。働くということは、今ある状態から変化することです。その変化を

「壊れた」と表現すれば、元の状態に直してやるのにエネルギーがいるということです。短い時間に何度も変化を繰り返そうとすれば、それだけ何度もエネルギーを注入して元に戻すわけですから、多くのエネルギーが必要になるでしょう。

元の状態に戻すことにより生命の回転を続けさせていくためにはエネルギーがいるのです。回転の速いものは、回転数に比例してエネルギーがよりたくさん必要になるでしょう。一回転の時間が生物的時間なのですから、こんなふうに考えるなら、時間の速度とエネルギー使用量とが比例するのは、もっともなことのように私には思えるのです。

私たちの体内には回るものがたくさんあります。血液の循環はその代表でしょう。細胞内の化学反応でも、多くのものが回転しています。クエン酸回路（クレブス回路）、還元的ペントース燐《りん》酸回路（カルビン・ベンソン回路）、尿素回路（オルニチン回路）等々、物質が変化しながらクルッと回って元に戻る「回路（サイクル）」と呼ばれる一連の化学反応の輪が、代謝過程の中核を成しています。光合成の中心に存在するのが還元的ペントース燐酸回路ですし、われわれの体内で食物からエネルギーを生み出す中心がクエン酸回路です。この二つの回路がなければ生物のエネルギー生産は成り立ちません。

結局、変わらずに続くものをデザインしようとすれば、回せばよいのです。生命は回るデザインをもつことにより、永遠を目指していると言えるのではないでしょうか。

生物的時間は回ります。生物の時間は円くデザインされているのです。もちろんエントロピーは増大し続けますから、その意味では、時間は直線的に流れていって元には戻らないのですが、それにもかかわらず、あたかも時間が元に戻ったかのように振る舞っているのが生物なのです。

ただし元に戻るからといって、生命の時間に方向性がないわけではありません。子供は大人になりますが、大人が子供に戻ることは起こらないのです。生命の時間の回転は一定方向で、逆回りはしません。この回転方向を決めているのがエントロピーです。生命は一定方向に回りながら元に戻るということを繰り返しているのです。

時間観は魂である

「月と不死」という話があります。弓のような三日月から満月へ、それがだんだんやせ衰えてついには尽き、そして新月から再び新たなサイクルを繰り返す月。この月の満ち欠けに、死と再生を見、生死を繰り返しながら永遠に続いていく不死のイメージを古代の日本人は読みとっていました。これは生きものとして正しい感覚だったと私は思います。古代日本の時間は回っていたのです。

このような回る時間をもっていた日本人が、直線的な時間へと変わったのが明治の開国です。西洋の時間観が日本に入ってきたのです。

直線的な物理的時間は、西洋近代という歴史上のある時期のごくローカルな考え方がもとになったものですから、それを普遍的で絶対正しいものとして受け入れる必然性は、じつはないのですが、いかんせん、西洋近代の影響力は絶大でした。圧倒的な技術力の優位のもとに、西洋は世界を支配してきたのです。日本も明治に国を開いて以来、西洋の技術を進んで受け入れました。これ以来、技術の基礎にある物理的時間が、物理学や技術の中のみならず、私たちの日常生活の中にも深く入り込むことになったのです。今や私たち現代日本人の時間観は、すっかり物理的時間になってしまったように思えます。

物理的時間、すなわち西洋の時間を受け入れたことは、じつは時間観の変更のみに止まらず、「魂」にも大きな変化をもたらしたのだと思います。時間とは魂と強く結びついているものだからです。

偉大なキリスト教の教父聖アウグスチヌスは、時間を「魂の延長」と呼んでいます。彼は『告白』の中で時間について深い思索をめぐらせており、そこには、時間論でよく引用されるこんな言葉が書いてあります。

「いったい時間とは何でしょうか。だれも私にたずねないとき、私は知っています。たずねられて説明しようと思うと、知らないのです。」（山田晶訳　中央公論社）

児童文学『モモ』は、時間を主題にした傑作ですが、この中で作者のミヒャエル・エンデは、マイスター・ホラにこう言わせています。

「光を見るためには目があり、音を聞くためには耳があるのとおなじに、人間には時間を感じとるために心というものがある」（大島かおり訳、岩波書店）

時間観は「魂」の重要な部分なのです。明治の開国の際に、私たちの先輩は和魂洋才を旗印に掲げ、西洋の才をどんどん取り入れました。しかし才と魂とは、そう簡単に分けられるものではなかったのです。「才」のつもりで取り込んだ技術により、時間観までもが変わってしまいました。

現在、私たちは西洋の技術をもとにした繁栄を享受しています。でも、この繁栄と引き替えに、魂を売り渡してしまったのだと言えるかもしれません。

生物の時間は回ります。私たち日本人の時間も回るものでした。現在の私たちの時間観は、生物であるヒトと相性の良いものなのでしょうか？　また日本人の心情とも相性が良いのでしょうか？

開国以来、もう百年以上たちました。技術立国の道を邁進《まいしん》してきた私たちが得たものと失ったものとを、このあたりでじっくり考えてみる必要があると思われます。また、西洋風のものの見方だけで組み立てられてきた技術や科学の体系、さらに社会の仕組みそのものをも、ここで問い直す必要があるのではないかと私は感じています。

生命《いのち》はめぐる

一、日は昇り　日は沈み
また朝が来て　夜となる
月は満ち　月は欠け
月はまた　丸く輝く
月日はめぐる　月日はめぐる
めぐる月日の中で
私は　生きてゆく

二、心臓は　休まずうち
肺は　呼吸を繰り返す
クエン酸回路はまわり
サーカディアン・リズムは続く
血潮はめぐる　生理はめぐる
めぐるリズムの中で
私は　生きてゆく

三、人は生まれ　大きく育ち
愛しあい　子供をつくる
そして老い　死にゆくとき
子供へと　希望《のぞみ》をたくす
生命はめぐる　親から子へと
めぐる生命の中で
私は　生き続ける

生命はめぐる

本川達雄

第2章
動物のエネルギー消費
——恐竜は意外に小食だった

生物の体のように、これほど複雑で精巧に働くものをつくり上げそれを維持していくためには、当然、多大のエネルギーがいります。エネルギーを注ぎ込むからこそ、生命というものが成り立ち得るのです。エネルギーは生命現象のいたるところで関わりをもち、時間という、ふだんエネルギーとは関係ないと思われているものとも、深く関わっているだろうと前章では考えました。本章ではさらに詳しく動物のエネルギー消費量について見ていくことにします。

動物のもっとも動物らしいところは動くことでしょう。動く第一の目的は餌を手に入れることです。生物はエネルギーがなければ生きていけません。そのエネルギーを、動物は餌を食うことにより手に入れています。

生きていくうえでどれだけ餌を食わねばならないか、つまりどれだけのエネルギーが必要かは、動物にとってもっとも重要な問題なのです。

餌の量は体の大きさで変わってきます。これは当然でしょう。大きいものほどたくさん食べます。

ただし、体の大きさと餌やエネルギー消費量の関係は、そう単純ではありません。本章では体のサイズとエネルギー消費量の関係を定量的に見ることを通して、動物はエネルギー的にどのようなデザインをもっているかを考えていきたいと思います。

ティラノサウルスの食事量は？　――スケーリング入門

ティラノサウルス・レックス。代表的な肉食の恐竜です。体長一六メートル、体重七・五トン。この巨大な恐竜が、いったいどのくらいの量の餌を食べたのかを考えてみましょう。

もちろん実際に測るわけにはいきません。いま生きている近縁の動物から類推することになります。恐竜は爬虫《はちゅう》類ですから、ヘビやトカゲのような同じ仲間を参考にすればいいだろうと考えたいのですが、じつはそうできるのかは疑問です。現生の爬虫類は体温が外気の温度によって変わる変温動物です。ところが恐竜は鳥や私たち哺乳類のように、体温が一定に高く保たれている恒温動物だったという説もあるのです。恒温動物と変温動物とでは、食べる量が何倍も違います。

こんなわけですから、恐竜がいったいどのくらい食べたかを知ることは困難なのですが、ここでは巨大な恐竜は滅びたけれど、ウサギ程度の大きさのミニ恐竜が生き残っていたと仮定して話を進めてみましょう。ミニサイズのものの食べる量を測って、そこから巨大な恐竜の食べた量を推測するわけです。では、どうすれば良いでしょうか？

これがスケーリングの問題です。形はそっくりだけれど大きさだけが違うもの。このようなものの間で、食べる量をはじめ、体の機能や体の各器官のサイズなどにどのような関係があるのかを調べる学問がスケーリングです。スケールとは縮尺や物差しの意味です。

プラモデルの車や飛行機に、スケールモデル（縮尺模型）と呼ばれるものがありますね。六〇分の一のスケールモデルなら、どの部分の長さも、ぴったり六〇分の一になっています。だから本物そっくりに見えるのです。これをつくるときには、目盛りの幅を本当の長さの六〇分の一に刻んだ物差しを用意します。これを使って設計図どおりにつくれば、長さが六〇分の一のスケールモデルができ上がります。

私の部屋の棚には、プラスチック製のティラノサウルスが飾ってあります（六〇分の一のスケールモデル）。本物は、このミニサイズの何倍食べたのでしょうか？

長さ・表面積・体積

ここでこのような問題を考えるに当たってのもっとも基本的な事項を、まず見ておきましょう。

大きさは違うけれどまったく同じ形をした二つの物体があります（図２－１）。大きいほうが、縦も横も高さ

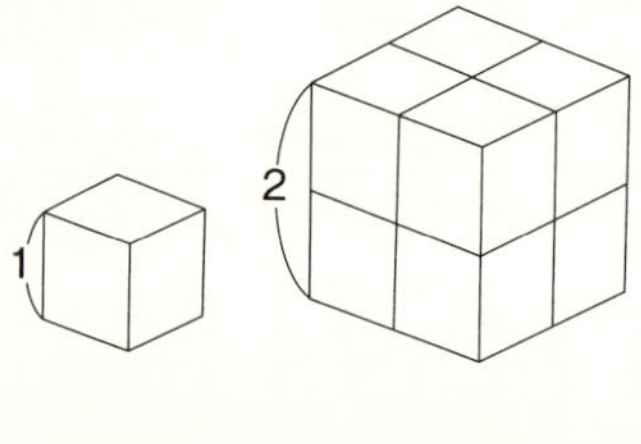

図2-1　形が同じで大きさが違う立体

も二倍あるとしましょう。この立体の表面積と体積とを比べてみます。すべての長さが二倍だとすると「面積＝縦×横」ですから、表面積は二×二＝四倍。

体積のほうはというと「体積＝縦×横×高さ」ですから、二×二×二＝八倍となります。

表面積は長さの二乗に比例し、体積は長さの三乗に比例するのです。まったく同じ形をしていても、縦・横・高さすべてが二倍、つまり長さがすべて二倍のものは、表面積は四倍、体積は八倍になります。長さが二倍なら何でも二倍になるというわけではないのです。ここがスケーリングのおもしろいところです。

今の関係をまとめておきましょう。

表面積は、長さの二乗に比例する
体積は、　長さの三乗に比例する

スケーリングでは、体の大きさを表すのに、普通、体重を使います。体重は生きている組織の量を反映しているからです。また、測るのが簡単という理由もあります。

では体重を基準にして、今の関係を言い直しておきましょう。

長さは、　体重の⅓乗に比例する
表面積は、　体重の⅔乗に比例する
体積は、　体重の1乗に比例する（つまり、体積は体重に正比例する）

体の中でエネルギーを使うのは、筋肉や内臓などの生きている組織です。組織の量が多ければ多いほど、エネルギーをたくさん使うだろうと、当然考えられますね。組織の重量が体重ですから、素直に考えれば、体重が二倍なら使うエネルギーも二倍、三倍なら三倍というふうに、エネルギー使用量は体重に正比例すると思われます。だから食べる量も体重に比例するでしょう。

この考えをティラノサウルスに当てはめてみます。本物のティラノサウルスはミニに比べて体長が六〇倍ですから、体重は六〇×六〇×六〇＝二一六〇〇〇倍。食べる量も同じく二一万六千倍と予測されます。さて、この予想は正しいでしょうか？

動物が食べる量を測定するには、いろいろとやっかいな事があります。こってりしたものを食べれば量は少なくていいし、栄養価の低い食物なら、たくさん食べねばなりません。食べたものがどれだけ消化吸収されるかも、食物の種類により千差万別です。また、いちどきにドカッと食べて、あとはずーっと食べない動物もいますから、正確な測定は、なかなか難しい作業です。

そこで発想を変えてみます。動物は使うエネルギー量だけ食べて補わなければなりません。だからエネルギー消費量を測れば、食べる量はかなり正確に推定できることになります。

エネルギー消費量は酸素消費量で測る

エネルギー消費量はどれだけ酸素を消費するかで測ります。この測定は食べる量よりも簡単で正確にできます。動物は食物を食べ、それを酸素を使って体内で「燃やして」エネルギーを得ています。酸素をたくさん使えば、それだけエネルギーをたくさん使っているのですから、酸素消費量がエネルギー消費量の目安になります。

とはいえ、厳密なことを言おうと思えば、食物にもいろいろな種類があり、どれを燃やすかで得られるエネルギー量が違うと思われますから、そういう違いを考慮しなければいけないでしょう。

ところが大変都合の良いことに、炭水化物であれ脂肪であれタンパク質であれ、どの栄養分を燃やしても、同量の酸素を使えば、ほぼ同量のエネルギーが得られるのです。だから酸素消費量を知るとエネルギー消費量が分かるのです。酸素一リットルを使ったら、二〇・一キロジュールのエネルギーを消費したのだと計算できます。

動物は酸素を使って食物を燃やし、ATP（アデノシン三燐酸）という化学物質をつくります。この物質にエネルギーが蓄えられており、必要に応じて分解されてエネルギーを放出します。ATPは体内のいたるところで使われています。ちょうどお金のように、体の中のどこででも通用してエネルギー源として使用できるため、エネルギー通貨とも呼ばれています。

体内でのATPの量は、あまり多くはありません。酸素を使ってたえずATPをつくって補充してやらないと、たちまち分解されてなくなってしまいます。

私たちは首を絞められれば、すぐに死んでしまいますね。酸素が入ってこなくなり、ATPがつくれなくなってエネルギーが枯渇します。

エネルギーがなくなるとなぜ死ぬのかというと、ここに熱力学の第二法則が関係します。秩序立った構造物は、放っておけばどんどん無秩序になります。エントロピー（無秩序さ）が増大するのです。これが熱力学の第二法則です。

生物はエネルギーを使ってエントロピーが増大するのを抑えています。酸素がなくなればATPがなくなり、エントロピーの増大を抑えられなくなります。体がどんどん解体して無秩序になっていき、死ぬことになります。これは熱力学の第二法則によって殺されたとも言える事態です。エントロピーの増大とはかくも恐ろしいことであり、また、それが増えないように抑えるエネルギーの重要さも分かるというものでしょう。

さて、首を絞めると数分の命。ということは、酸素の蓄えもATPの蓄えも、ほんのわずかしかないということを意味します。

これは測定上は好都合です。酸素量を測ることにより、今、使っているエネルギー量が分かるからです。もし体の中に酸素の蓄えが大量にあったら、外から酸素を取り入れていないのに、エネルギーは使っているという事態が生じてしまいます。これでは問題が複雑になります。酸素もATPも蓄えが少なく、どの栄養素を燃やしても酸素一リットルあたり同じ量のエネルギーが出てくるという、都合の良いことが重なっているので、酸素消費量からエネルギー消費量が分かるわけです。

酸素消費量はとても簡単な装置で測れます。ガラス瓶の中に動物と二酸化炭素の吸収剤（たとえば水酸化カリウム）を入れ、ゴム栓でふたをします。ゴム栓の真ん中に穴をあけ、これに目盛りをつけたガラスの細長い管（メスピペットなど）を刺し通します。そして全体を水の中に沈めておきます。動物が呼吸をして酸素が減れば、減った体積の分だけ水がガラス管の中に入ってきますので、ガラス管の目盛りを読めば、酸素をどれだけ使ったかが分かります。他にもいろいろな測定法がありますが、どれもそれほど困難ではありません。

標準代謝率とアロメトリー式

酸素消費量を測るには、動物を、暑くもなく寒くもなく、その動物にとって快適な状況でしばらく絶食させておき、眠ってはいないが安静にしているときの酸素消費量を測ります。このようにして求めた単位時間あたりの個体のエネルギー消費量を「標準代謝率」（もしくは基礎代謝率）と呼びます。

標準代謝率は、なかなか便利なものです。これを知ると、違った状況でのエネルギー消費量も想像がつきます。エネルギー消費量は、もちろん動物の活動状態により大きく変わり、たとえば目いっぱい運動すると、エネルギー消費量は大きく増えるのですが、このときには標準代謝率の約一〇倍のエネルギーを使います。また、一日を通して眠って起きていろいろと活動したのをすべて平均したエネルギー消費量は、標準代謝率のほぼ二倍です。これらは恒温動物の例ですが、このように標準代謝率を知ると、動物のエネルギー消費の全体像がつかめることになります。だから標準代謝率は便利なのです。

小さいハツカネズミから大物のゾウまで、いろいろなサイズの恒温動物について標準代謝率を調べ、体重との関係をグラフに表してみましょう。（図2－2）。これは直線にはなりません。エネルギー消費量が体重に比例するなら図に描き込んだ直線（点線）のようになるはずですが、そうはならないのです。

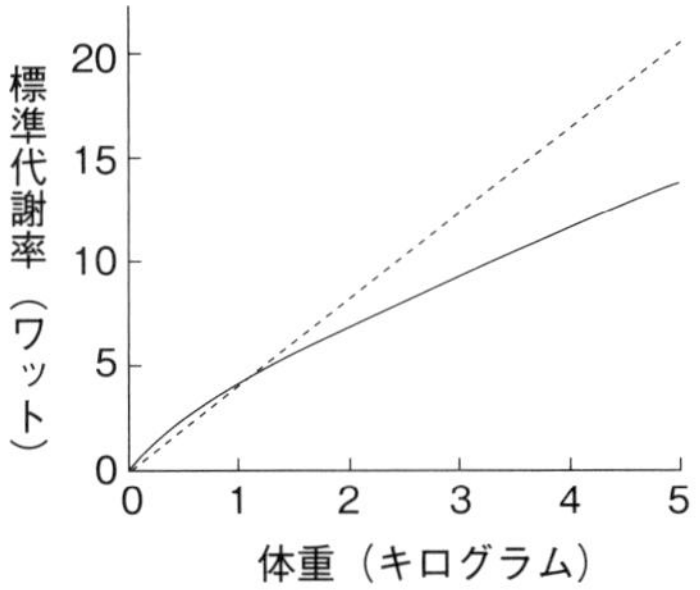

図2-2　エネルギー消費量と体重の関係（実線）

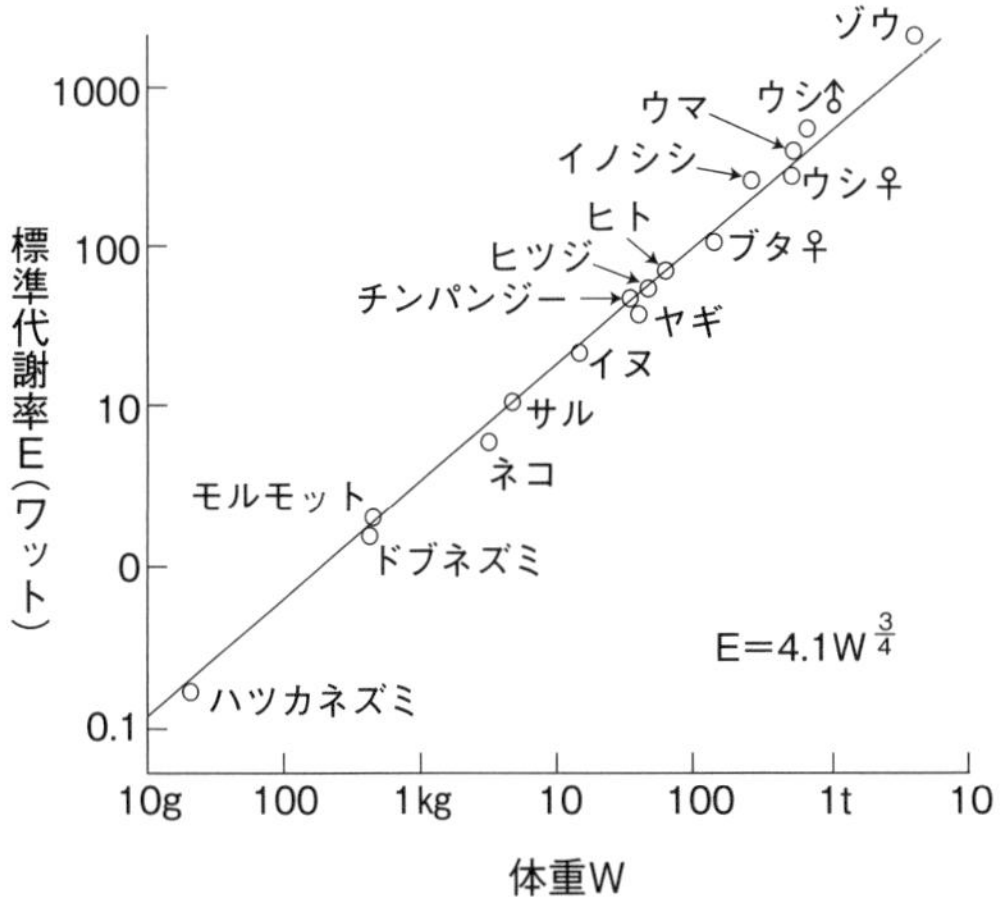

図2-3　エネルギー消費量と体重との関係の両対数グラフ（Schmidt-Nielsen, 1984をもとに描く）

標準代謝率と体重の関係を、両対数グラフ用紙に描き直してみます。図２－３を見て下さい。グラフの横軸は体重ですが、一目盛り増えるごとに体重が一〇倍になっています。縦軸の標準代謝率のほうも同じです。両対数グラフ用紙とは、縦軸も横軸も、一目盛り増えるごとに一〇倍ずつ増えていくというグラフ用紙です。これは心臓の時間と体重の関係のときにも使いましたね。

　このようなグラフ用紙を使って体重と標準代謝率の関係を図に描くと、ハツカネズミからゾウまで、点はほとんど一直線にきれいに並びます。とても印象的な直線ですので、この分野の研究者の間では「ネズミ－ゾウ直線」と呼ばれています。両対数グラフで直線になるということは、標準代謝率が体重のベキ乗で書き表せることを意味します。その式を図に記入しておきました。

　このようにスケーリングにおいては、体重をＷとすると、

$$y = aW^b$$

という形で書き表せることが多いのです。これをアロメトリー式と呼びます。ｙは問題にしている量（たとえば標準代謝率）、ａとｂは定数です。ｂ＝１なら正比例の式になるのですが、多くのケースではｂは１にはなりません。ｂが１でないと、ｙは体重の増え方とは違った割合で変わっていくことになります。だからアロ（＝違った）メトリー（＝割合）と名前がついているのです。ギリシャ語からつくられた言葉

です。

標準代謝率は体重の¾乗に比例する

91ページの図2－3のように両対数グラフで直線になればアロメトリー式が成り立ちます。直線の傾きがbの値を示します。図ではbは¾。エネルギー消費量は体重の¾乗に比例することになります。

先ほど、形が同じで大きさだけが違う物体の、体重と表面積と長さの関係を見てきましたね。体重に正比例するなら体重の一乗に比例するし、体長に比例するのなら体重の⅓乗に、表面積に比例するのなら⅔乗に比例するのですが、標準代謝率は¾。どれとも違います。

体重が増えればエネルギー消費量は増えるのだけれど、体重の増え方ほどには増加しません。体重の¾乗とは、体重が二倍になっても、エネルギー消費量は一・六八倍にしかならないし、体重が一〇倍でもエネルギー消費量は五・六二倍という関係です。

それではこの関係式を使ってティラノサウルスの標準代謝率を見積もってみましょう。実物のティラノサウルスは、ミニサイズのものの二一万六〇〇〇倍の体重がありました。式に体重を入れて計算すると、実物はミニの一万一九倍のエネルギーを使うことになります。体重が二〇万倍以上なのにもかかわらず、エネルギー消費量はたったの一万倍にしかならないのです。不思議です。

ただしこれは、ティラノサウルスにもゾウやネズミという哺乳類の仲間と同じ関係が当てはまると仮定した話です。

変温動物でも¾乗に比例する

ネズミーゾウ直線は哺乳類ばかりでなく、鳥類にもそっくり当てはまります。鳥類も哺乳類も体温が一定の恒温動物ですから、この関係は恒温動物で成り立つものなのです。では体温が一定ではないヘビやカエルのような変温動物ではどんな関係になるのでしょうか？

じつは変温動物でもやはりエネルギー消

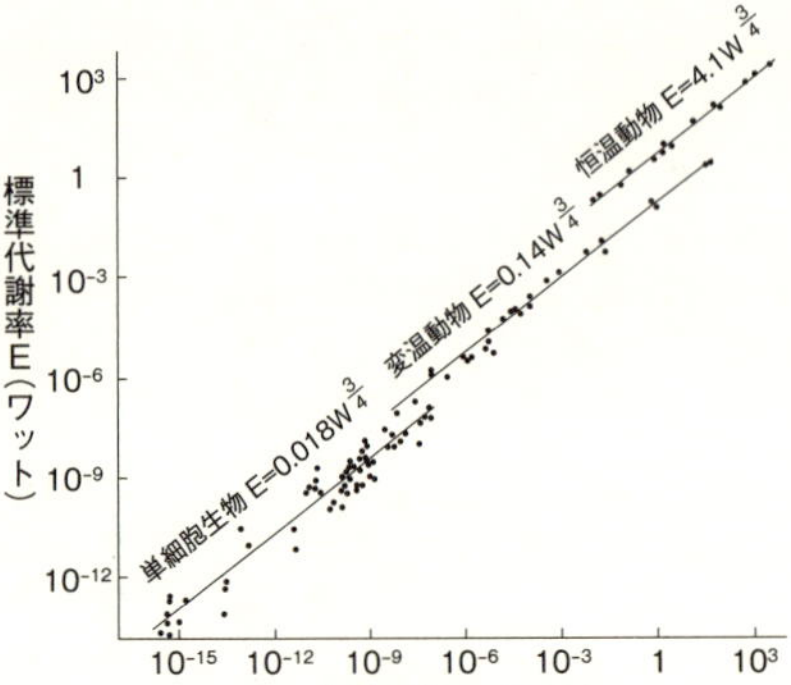

図2-4　エネルギー消費量はどの動物でも体重の¾乗に比例する（Wilkie, 1977をもとに描く）

費量は体重の¾乗に比例します。体重とエネルギー消費量の関係を両対数グラフに描くと、この場合もやはり一本の直線になります（図２－４）。ただしこの直線は恒温動物のものとまったく同じというわけではなく、それより少し下にずれた平行線になります。平行だから傾きは同じ¾。変温動物でもエネルギー消費量は体重の¾乗に比例するのです。

線が恒温動物のものよりも下にずれているのですから、同じ体重なら、変温動物は恒温動物よりエネルギーを少ししか使いません。変温動物の標準代謝率のアロメトリー式を図中に書き込んでおきました。

変温動物には、ミミズもクラゲも昆虫も魚も爬虫類も、いろいろなものがいて、形をはじめ体のつくりだって千差万別なのですが、でも、みな同じアロメトリー式で書けてしまうのです。とても不思議なことです。

¾乗則――エネルギーの基本デザイン

変温動物は体がたくさんの細胞からできているので多細胞動物です。体が細胞一個からできているものは単細胞生物です。単細胞生物についても、体重と標準代謝率の関係が調べられています。

じつはこれも直線になります。多細胞動物の線より下にずれた平行線です（図２－

4)。平行ですから、単細胞生物でもエネルギー消費量は体重の¾乗に比例します。そして下方にずれていますので、同じ体重のもので比較すれば、単細胞のものは多細胞のものよりエネルギー消費量が少ないのです。

恒温動物、変温動物、単細胞生物と、三本の直線が平行に並んだ図は、いつ見ても、とても不思議な気がします。変温動物であれ恒温動物であれ、また、体が細胞一個でできている単細胞の生物であれ、もっと体のつくりの複雑な多細胞動物であれ、エネルギー消費量は、みな体重の¾乗に比例するのです。生物はエネルギーに関して、このようにデザインされているとも言えるでしょう。

なぜ¾乗なのか、まだ誰も理由を知りません。生物学における大きな謎の一つです。理由は分からないのですが、¾乗則は広く生物に当てはまるものなのです。だからこのサイズとエネルギーの関係は、生物における根本デザインの一つだと私は考えています。

話をティラノサウルスに戻しましょう。エネルギー消費量は、恒温動物でも変温動物でも、体重の¾乗に比例するのですから、どちらであっても、体重が二〇万倍あれば、エネルギー消費量は一万倍になります。

さて、ティラノサウルスの体重は七・五トンほどでしたから、この恐竜が恒温動物だったと仮定してみましょう。恒温動物のアロメトリー式を使ってエネルギー消費量を計算すると三三三四ワットとなります。これはゾウ（体重三トン）の二倍程度の値です。

一方、ティラノサウルスが変温動物だったとして計算すると一一四ワットとなります。これはちょっと太めのヒト（体重八三キログラム）程度のエネルギー消費量です。

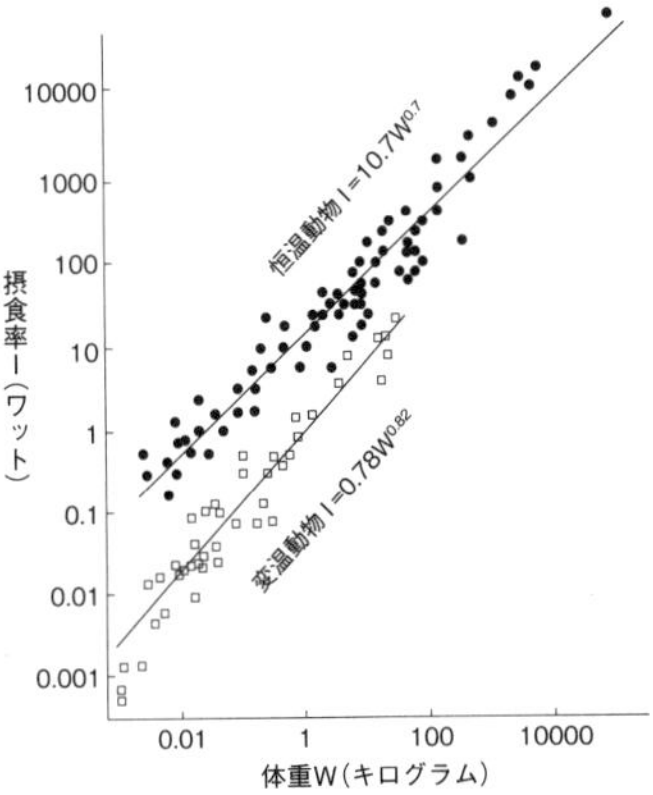

図2-5　食べる量（摂食率I）と体重の関係。変温動物は陸棲の四足脊椎動物のもの（Farlow, 1976のデータをもとに描く）

　ヒトと同程度とは、意外に少ないでしょう？　これは変温動物のエネルギー使用量が恒温動物よりも極端に少ないからです。標準代謝率のアロメトリー式を比べれば分かることですが、同じ体重なら、変温動物は恒温動物の三〇分の一しかエネルギーを使いません。だから同じ量のエネルギーを使う変温動物は、恒温動物より一〇〇倍も重い体の大きなものになります。

体の大きさと食べる量

では、最初の疑問に戻ります。実際に食べる量はどうなのでしょうか?
大きさと食べる量との関係を調べた結果があります（図2－5）。食物の種類によって栄養の量が違いますから、食物に含まれているエネルギー量を調べて、どれだけのエネルギーを単位時間に食べるかの摂食率で示してあります。標準代謝率のグラフに比べて、点がかなりバラバラですが、これは測定の難しさと、食べたものがどれだけ吸収されるかのばらつきが反映されているからでしょう。

食べる量も、もちろん変温動物のほうが少ないですから、変温動物の直線は恒温動物のものより下になります。同じ体重のもので比べれば、恒温動物は変温動物のほぼ一五倍の量を食べます。

グラフから求めたアロメトリー式を図中に書き入れておきました。恒温動物では体重の〇・七〇乗に比例し、変温動物では体重の〇・八二乗に比例します。エネルギー消費量が体重の〇・七五（3/4）乗に比例するのですから、摂食率も、当然それに近い数字になります。

この式からティラノサウルスの食事量を推測してみましょう。恒温動物だったなら五七〇〇ワット、変温動物なら一二〇〇ワット。日本人一人は約一二〇ワット摂取しますから、ティラノサウルスは体重では一二五人分なのですが、食べる量では一〇人

（変温動物だとした場合）～四七人分（恒温動物だとした場合）程度だったろうと推測できることになります。

摂食率で比べた結果と標準代謝率で比べた結果がちょっと違いますね。これは食べる量は一日活動したエネルギー消費量を反映しているのに対して、標準代謝率は安静時のエネルギー消費量のみを見たものだからです。

活動して眠るという野外での一日の暮らしに使うエネルギー量を直接調べるのはなかなか難しいのですが、それでも測定値が発表されています。それによると、同じ体重をもった動物なら、恒温動物は変温動物の約一七倍のエネルギーを使います。食べる量で比べた場合は約一五倍ですから、ほぼ等しい数値です。勘定は合っています。

標準代謝率では恒温動物は変温動物の三〇倍でした。食べる量や一日平均のエネルギー消費量ではほぼ一五倍。違いの幅が半分になっていますが、それでも恒温動物は変温動物より、桁違いに多くのエネルギーを使っていることが分かります。違いが半減した理由は、恒温動物と変温動物とでは、安静時のエネルギーの使い方が違うからです。恒温動物は何もしていないときにも、かなりの量のエネルギーを使い続けています。それに対して変温動物は、安静時にはエネルギーをあまり使いません。

恒温動物は忙しい・恒温動物は虚しい？

食べる量や一日平均のエネルギー消費量は恒温動物と変温動物とで大きく違います。同じサイズでも恒温動物のほうが、一五倍も大きいのです。桁が違うのですから、これはものすごく大きな違いです。

私たちの遠い祖先が、ある朝目覚めたら変温動物から恒温動物に変わっていたと仮定してみましょう（もちろん進化の歴史では、こんな変わり方をしたわけではありませんが）。すると昨日まで虫一匹捕まえて、あとは寝ていればよかったものが、今日からは、虫を一五匹も捕まえなければ生きていけない事態になってしまったわけです。生活がずいぶん忙しくなったのですね。もし私たちが今、三度の食事を四五回に増やせ、そして給料も一五倍かせげ！　などと言われたら、とてもたまったものではないでしょう。

もちろん、変温動物から恒温動物への変化の過程で、恒温動物はそれだけたくさんの虫を捕まえられるほど効率の良い体になったのだという言い方もできます。変温動物は、外気温が低いときには、体を暖めてからしか活動できません。エンジンが暖まるまで走れない自動車と同じです。それに対し恒温動物は、エンジンをかけっぱなしにして、いつでも発車できるように準備している自動車です。休んでいるときにもエネルギーを使って体を暖めているのです。だから素早くダッシュして効率よく獲物を捕まえられるのです。ただし、いつもキビキビ動けるためには膨大な量のエネルギーを使い続けなければなりません。食物から得たエネルギーのほとんどは熱として消えていきます。

変温動物では、吸収したエネルギーの三〇パーセントが肉になります。食べたものが、体重の増加や子孫という目に見えるものに変わります。ところが恒温動物では、食べて吸収した分のエネルギーの、なんと九七・五パーセントは消えてなくなってしまうのです。体の成長や子孫という形で肉に変わるエネルギーはたったの二・五パーセントです。収入のほとんどは体の維持費で消えてしまうのですから、これは虚しいといえば虚しい話です。

恒時間動物

もちろんこのような単純な比較で、恒温動物は虚しいものだと結論を下してはいけないでしょう。変温動物がいくら効率よく成長し子孫をたくさん残すことができるといっても、それは生きていればこその話です。エンジンがかかる前にパッと恒温動物に食われてしまったら元も子もありません。

実際には変温動物も恒温動物も、自然の中でどちらか一方だけが増えすぎるということもなく、バランスを保ちながら生き残っています。だから変温動物のようにたくさんつくってたくさん食われるやり方も、恒温動物のように少しつくって大事に育てるやり方も、どちらもそれなりの戦略として成り立っているのです。

恒温動物は外の温度が変わっても、体温が一定に保たれています。私たちの脳には温度センサーをもった体温調節の中枢があり、そこからの指令で、暑いときには汗をかいて気化熱で体を冷やしたり、寒いときには体内で熱を生産して体を暖めるなどして、いつも一定の体温を保っています。体温の調節には、ホルモンや自律神経系などが関与しており、精巧な調節の仕組みを恒温動物はもっているのです。

これだけ複雑で精巧な仕組みは、ただでつくったり働かせたりできるものではありません。体温を一定に保つために、恒温動物は大変なエネルギーの投資をしているのです。

多くの哺乳類の体温は三六～三八度、鳥では三九～四一度です。これは外気温よりかなり高い温度です。恒温動物はこの高い温度を一定に保っています。恒温動物は恒温（体温一定）であるとともに高温動物なのです。体温が高いとどんな利点があるのでしょうか？

温度が高ければ化学反応は速く進みます。温度が一〇度上がるごとに化学反応の速度が二～三倍になります。生体内で起こるほとんどの事象に化学反応が関わっていますので、体温が高いと、よろずのことが速くできるようになります。情報処理もさっとできるし、素早く動けるので、餌をとるにも敵から逃げるにしても、のろい生きものを打ち負かすことができるでしょう。

これは高温の利点ですが、では恒温だとどんな良い点があるのでしょうか？　筋肉の収縮も、もちろん化学反応が基礎になっていますから、温度が高ければ速く縮むし遅ければゆっくりと縮みます。とすると体温が下がっていれば、さっきと同じタイミングで餌を捕まえようとしても体の動きはゆっくりになり、餌を逃してしまう恐れも出てきます。体温が一定ならば、すべての事象がいつも同じ速度で繰り返せるので、予測も立てやすくなりますし、体内の統制もとりやすくなるでしょう。もし体の右半分が日向《ひなた》にあり左半分は日陰になっていて、右足と左足の動く速度が違うなどということが起こったら、うまく歩くことすらできません。

体内でのものごとの進むペースは温度によって変わります。化学反応の速度が温度に依存するからです。このペースを生物の時間と考えれば、時間は体温が上がると速く進み、下がるとゆっくりと進むことになります。生体内での化学反応を駆動する原動力はエネルギー代謝という化学反応系です。前章で、生物の時間の速度は代謝速度に比例するという関係を導きました。この代謝速度に温度が関係してきます。

私たち恒温動物が大変なエネルギーを使って体温を高く保っているのは、代謝速度を速めることにより、時間を速くしていると見ることができるでしょう。高温動物はとができるようになりました。高速にすることにより、のそのそしたものを捕まえて餌にすることができるようになりました。

体温が一定だということは、代謝速度を一定にして時間の速度を常に一定に保つ意味があるでしょう。恒温動物は恒時間動物なのです。時間の速度が一定ならば、いつも同じタイミングでやれるので、精密な運動や情報処理が可能になります。精密機器や高速コンピュータなどは、温度が一定に保たれた部屋に置かれているものです。私たち恒温動物は、時間の高速性・恒速性を保つために、大変な量のエネルギーを投資していることになります。

私たちは、時間は一定の速度で流れるものだと思っていますが、これは私たちが恒温動物であり恒時間動物だからなのでしょう。変温動物は、もっと違った時間の感覚をもっているのかもしれません。虫がプーンと飛んでいて、冷たい空気の塊に入り込んだら、とたんに時間は遅くなり、そこを出たら時間は再び速まる。こんなふうに時間の速度はふらふらと変わるものだと、彼らはとらえているのかもしれません。

時間というと「絶対に変わらない等速の時間が、私たちの体の外に厳然として存在しているのだ」という見方を私たちはしていますが、このような見方も、恒温動物という自分の体のデザインから生じているものだと思われます。時間観や世界観というものも、体のつくりと無縁ではないのです。

食糧生産装置としての変温動物

恒温動物はエネルギーを投入することにより、高速性・恒時間性を獲得し、速く正確に動けるようになりました。そして現在の繁栄に至っています。ただし非常に多くのエネルギーを必要とするため、ムクムクと成長することや子孫をたくさんつくることができません。この点に関しては、変温動物には到底かなわないのです。結局、同じ元手で高性能の機械を一台つくるか、それほどでもないものを何台もつくるかという選択でしょうね。自然においては変温動物も恒温動物も、どちらも繁栄しています。

ただし単純に肉の生産装置として見るならば、変温動物のほうが恒温動物よりずっと効率が良いのは確かです。同じ量の餌を与えても、変温動物は一〇倍も多くの肉を生産できます。

ここに一〇トンの草の山があるとしましょう。これをウシ（体重五〇〇キログラム）二頭に食べさせたとします（ウシの体重は合計一トン）。ウシは草の山を一四カ月かかって食べ切りますが、そのとき、体重の増加は二頭あわせて〇・二トンです。できる肉の量は恒温動物ならみな同じです。だからこの草をもっと小さな動物、体重二キログラムのウサギ五〇〇羽（総体重は同じく一トン）に食べさせても、やはり〇・二トンの肉ができます。ただし時間が違います。ウシでは一四カ月なのに対し、ウサギの場合は草の山を食べ切るのに三カ月しかかかりません。
それでは同じ量の草を同じ体重の変温動物が食べたとしましょう。体重一グラムのイナゴ一〇〇万匹（やはり総体重は一トン）に食べさせると、イナゴは九カ月かかって草の山を食べ尽くし、そのときには新しく二トンのイナゴ（つまり二〇〇万匹）になっている計算になります。同じ量の草を食べさせても、恒温動物なら〇・二トン、変温動物なら二トンの肉ができるのです。

食糧問題は二十一世紀の大きな課題です。この解決策を考えるにあたって、変温動物なら一〇倍も収量が上がるという事実は覚えておくべきことでしょう。だからイナゴを食えとは申しませんが、魚も変温動物ですので、魚介類を好む日本人の食生活が、このような点からも評価されるべきだと思います。

また同じ恒温動物を食べるにしても、サイズの小さいものを食べたほうが効率的です。ウシでは一四カ月かかったところがウサギでは三カ月でしたね。小さいものほど早く肉をつくれるのです。肉の生産にかかる時間が、体重の$\frac{1}{4}$乗にほぼ比例するからです。

恒温動物より変温動物を、大きい動物よりは小さい動物を食べたほうが、無駄がないことになります。こう見ると、ステーキを食べるのは、じつに贅沢《ぜいたく》なことなのです。

第3章

エネルギー問題を考える

——日本人はゾウなみのエネルギーを使う

エネルギー問題は私たちが直面しているきわめて重大な問題です。このまま大量のエネルギーを使い続ければ、資源の枯渇が心配ですし、地球温暖化をはじめとする環境への影響も深刻になっていきます。本章では動物のエネルギー消費についての知識をもとに、私たち現代人がどれほどたくさんのエネルギーを使っているかを明確にし、どこまで省エネしたら良いのかの基準についても考えてみることにします。

大きなものほどサボっている

本題に入る前に、もう少しサイズに関わるおもしろい話題を提供しておきましょう。動物のエネルギー消費量は体重が増えるほどには増えず、大きいものは体のわりにはエネルギー消費量が少ないのだと前章で申し上げました。そこのところを、もっとはっきりさせておきましょう。

体重あたりのエネルギー消費量が体重の増加とともにどう変わるかのグラフを描いてみます。すると体重一キログラムあたりのエネルギー消費量（比代謝率）は体重の¼乗に反比例して減っていることが分かります（図３－１）。この事実は時間との関係ですでにお話ししましたね。

¼乗に反比例するとは、どのような関係なのかを見ておきましょう。体重が一〇倍になると、体重あたり約二分の一（五六パーセント）しかエネルギーを使いません。

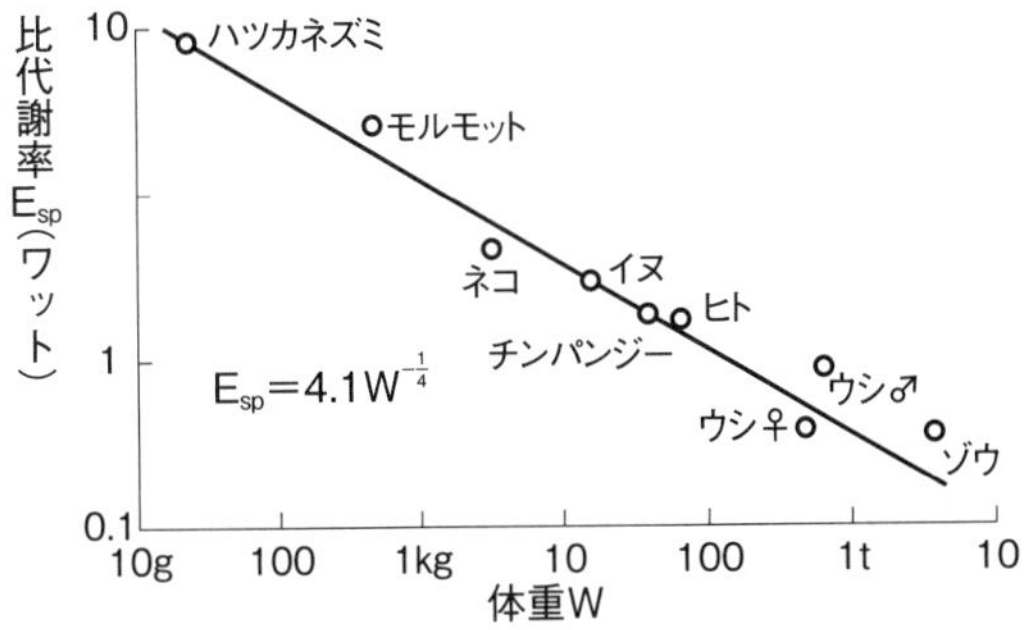

図3-1　比代謝率（体重1kgあたりの標準代謝率）と体重の関係

一〇〇倍で三分の一、一〇〇〇倍で五分の一、一万倍で一〇分の一と、体重が大きくなればなるほど、エネルギー消費量は減っていきます。

ちなみにゾウはハツカネズミの一〇万倍の体重がありますが、エネルギー消費量はネズミの一八分の一。ゾウはネズミのたった五・六パーセントしかエネルギーを使いません。食べる量でも同様です。ゾウは大量の餌を食べるのは確かなのですが、体重あたりで見れば、いたって小食な生きものとも言えるのです。

ここまでは体重あたりで比較した話です。では細胞のレベルではどうなのでしょうか？　じつはゾウとネズミとでは細胞の大きさに違いはありません。ゾウの体は大きいのですが、それは細胞が大きいからではなく、数がたくさんあるからなのです。

とすると、先ほどの関係はそのまま細胞にも当てはまります。ゾウの細胞はネズミの細胞に比べ、たった五・六パーセントしかエネルギーを使用しません。

何をするにもエネルギーがいります。細胞だってそうです。だから五・六パーセントしかエネルギーを使わないということは、それしか働いていないことを意味するでしょう。ゾウの細胞はほとんど働いていません。サイズの大きい動物では、細胞はえらくサボッているのです。

結局、

「大きい組織の中の構成員はサボッている」

という結論になります。

最近、企業の研修会などでお話しする機会もあるのですが、これにはみなさん「うんうん」とうなずかれます。身に覚えがあるようですね。もちろんサボッているなどという失礼な言い方をせずに、大きい組織では、構成員がそんなに働かなくてもやっていけるだけ効率がいいのだ、とも言えるのですが……。

サイズの経済学・サイズの政治学

動物の話と企業の話が、なんとなく一緒になってしまいました。

これはたんなる偶然の一致ではないと私は思っています。生物は、生き残ってなるべく多くの子孫を残すという目的をもち、その目的を果たすべく、エネルギーを使いながら、このように複雑な体をつくり上げ、維持し、動かしています。企業だって、生き残ってなるべく売上げを増やすという目的をもって、エネルギーを使いながら、複雑な体制をつくり上げ、維持し動かしているのです。このように見ると、生物も企業も同じ定義になってしまいます。「自己増殖するという目的をもつ、エネルギーを使う複雑系」におけるサイズとエネルギー消費量や、サイズと時間の関係は似たようなものになるのではないだろうか？　こういう視点で学問を組み立てていくのは、なかなかおもしろいと思います。これからの学問ですね。

ゾウの細胞はネズミに比べてサボっているわけですが、だてにサボっているわけではないようです。

前章で長さと表面積と体積の関係について見ておきました。体積は長さの三乗に比例し、表面積は長さの二乗に比例します。だから大きいものほど体積のわりには表面積が小さくなるのです。体積あたりの表面積は、長さに反比例して減っていきます。熱というものは体の表面を通して内側から外へと逃げていくものです。ゾウのように体が大きいと、熱を発生する組織量（これは体積に比例）が多いのに、熱が逃げ出す表面が少ないわけですから、体の内部に熱がこもりやすいことになります。

そこでこんな計算をした人がいます。ゾウの細胞がネズミの細胞ぐらいせっせと働いてエネルギーを使うとどうなるかという計算です。するとたくさん熱が出てそれがゾウの体内にたまり、体温がどんどん上昇し、ついには百度を超えてしまいます。つまり自分の出す熱でステーキになっちゃうわけです。これはたまりません。だからゾウの細胞はサボッているのではなく、節度をわきまえて働かないのだというのです。

これもなんとなく身につまされる話です。日本は経済的に急速に大きい国になりました。でも、小さかった時代と変わらずに、構成員はがむしゃらに働き続けてきました。だから自分も焼けこげるし、まわりをも火傷させるんだ、と非難されているのかもしれません。

国民一人ひとりの生き方についても、国のサイズに見合ったものが、たぶんあるのでしょうね。大国になったらウオッカでも飲んでゆったりやったほうがいい、というのも見識なのかもしれません。

サイズという視点は、国策を考えるに当たっても重要だと私は思っています。予算を立てる際にＧＤＰ（国内総生産）の何パーセントという議論がしばしば出てきます。このパーセントというのは正比例の考え方です。動物においては正比例ではなくアロメトリー式が成り立つのですが、現在のように日本国の、特に経済のサイズが急速に変わっていく状況で、何でもがＧＤＰに正比例するというものでもないでしょう。国策のような重要な場面において、私たちはあまりに安易に正比例の考えを採用してしまっているのではないでしょうか。

政治や経済に関するいろいろな事象について、アロメトリー式をつくってみるとおもしろいかもしれません。ＧＤＰの¾乗に比例する事象、⅔乗に比例する事象など、いろいろな例が出てきそうな気がします。こんなふうに、サイズという視点を通して政治や経済を見直してみるのは、大いに役立つ作業ではないかと私は考えています。

企業の従業員数と部署の人員数などというのも、正比例ではありませんね。社長は従業員数には関係なく一人ですし、総務部の人数も正比例というわけではないでしょう。企業のアロメトリー式をつくって、この規模なら総務は何人が適正、などという形で企業診断にも使えそうな気もします。

今までの学問は物理学が中心でした。自然科学の世界ではもちろんのこと、経済学などの社会科学の分野においても、物理学の影響は非常に大きいものがあります。ところで生物学と物理学とでは、同じ自然科学といっても、ずいぶんと感じの違う学問なのです。私は動物を専門にしていますので、

「動物がお好きなんでしょう？　動物って可愛いですよね。」

とよく聞かれます。

「とりわけ好きでもないんですよ。」

と答えると、けげんな顔をされるのが常なのですが、でも物理学者に

「原子が好きですか？」

とか

「素粒子が可愛いですか？」

と聞くでしょうか。

好き嫌いは一種の価値判断です。物理学の世界には好き嫌いや目的や価値などは存在しません。価値の問題を扱わないのが物理学です。物理に価値はありません。

それに対して、生物は生き残って子孫を増やすという目的をもっています。そして、今のこの行動がその目的にかなっているかどうかの価値判断を、生物はたえず行っているのです。こういう生物を対象にしていますから、生物学では価値や目的は重要な関心事なのです。

十九世紀や二十世紀は物理学の世紀でした。自然科学のみならず経済学をはじめとする社会科学も、物理学のような端正な学問になる必要があると、懸命に努力してきたのです。でも考えてみれば、これはおかしな話でしょう。経済とは金儲け、欲得ずくの世界です。つまり価値や目的が満ち満ちている世界なのです。そんな世界を理解しようというのに、価値や目的を扱えない物理学を下敷きにして経済学をつくり上げても、意味があるものでしょうか？　だから経済学は当たらないのだなどと言ったら叱られるでしょうが、経済学においても、物理ではなく生物の方法を取り入れたほうが、よほど実際に役立つものになりそうな気がしているのですが……。「サイズの経済学」が現実的な学問として発展していったらおもしろいと思っています。

大きいメリット

サイズという視点から時間やエネルギーについて考えてきて、ついに企業や経済学のことにまで話が及んでしまいました。脱線ついでに、ここで大きいとどんな利点があるのか、小さいとどんな良いことがあるのかを、企業との関係も含めてまとめておくことにしましょう。

まず大きいほうから。

大きいと環境に左右されにくく、自立性を保ちやすくなります。

大きいと組織量のわりには表面の面積が小さいのですが、表面とは外界と接する部分ですから、表面積が小さいと外界の影響を受けにくくなるわけです。たとえば水分は体表面から逃げていくので、大きいものほど乾燥に強く、飲み水がなくなっても、より長く我慢できることになります。また熱も体表面から逃げていくので、大きいものほど寒さにも強く、大寒波が来ても耐えることができます。

大きいものは飢えにも強いのです。哺乳類の場合、食物がなくなって痩せて体重がおよそ半分になったところで死にますが、体の大きいものほど細胞のエネルギー消費量が少ないため、蓄えを使い果たすまでに時間がかかります。体重が半分に落ちるまでにかかる時間も、体重の1/4乗にほぼ比例するのです。だから大きいものほど長い飢えの期間を耐えることができ、また大きいものは広い範囲を歩き回れますから、餌を見つける確率も増えるでしょう。

大きいものは、総じて余裕があります。

スペースにも余裕がありますし、細胞の数もたくさんあって、しかもその細胞が目いっぱい働いてはおらず、もっと働ける余裕があるのです。これなら新しい機能を開発することも容易でしょう。

大きいものは時間的にも余裕があります。小さいものは体のわりには大飯食らいですから、しょっちゅう餌を探していなければなりません。また、小さいものは睡眠時間も長いのです。だから小さいものは食っちゃ寝、食っちゃ寝で終わってしまうでしょう。大きければ寿命も長く、学ぶ時間をつくることもできるでしょう。

大きいことの最大の利点は強いことです。

戦えば大きいほうが圧倒的に有利です。ライオンがいくら爪や牙が鋭くても、ゾウに体当たりされたらつぶされます。昆虫は鳥には勝てません。ペロリと一飲みにされてしまいです。小さいものは弱い、大きいものは強い。大きければ強くて安全なのです。

小さいメリット

ここまでの話を聞くと、大きいことは素晴らしいことに思えてしまうでしょう。たしかに大きいことには利点が多いのです。でも、地球は大きい動物だけで埋められているわけではありません。小さいものもたくさんいます。きっと小さいことにも利点があるはずです。

小さいものは新しい系統の祖先となることが、古生物学において知られています。私たち霊長類の祖先はネズミ程度の大きさのものでしたし、哺乳類の祖先も、やはり小さいものでした。サイズの小さいものがパイオニアとなり、それから時がたつにつれサイズの大きなものが出現してきたのです。

なぜサイズの小さいものがパイオニアとなり、新たな系統がそこから始まるのでしょう？　これには時間の問題が関わっています。小さいものは一世代の時間が短く、どんどん世代が交代していきます。突然変異で新しいものが生じるのは子供をつくるときですから、世代交代の早いものほど新しいものが出てくる確率が高くなります。

また、個体数のうえでも違いがあります。サイズの小さいものほど数がたくさんいますし、大きいものは少数まばらに住んでいます。これはアリとゾウを思い浮かべれば分かることですね。個体数が多ければ、変わったものが出現する数も多くなります。

小さいものの欠点は、環境の変化に弱く、どんどん死ぬところです。でも、これが利点でもあるのです。環境の変化が起こり、たまたま突然変異で出現したもののみを残して、あとは全滅するということも起こりやすいでしょう。こうして新しい系統ができることになります。サイズが大きく、ちょっとした環境の変化にはびくともしないものでは、せっかく出現した新しい遺伝子も、まわりのものと混じって薄まってしまい、新系統をつくり出せなくなってしまいます。

小さいものはちょっとした環境の変化でも、バタバタ死んでいきますが、それがかえって新しいものをつくり出す助けとなっているわけです。一方、大きいものは環境の変化に強く、それはふだんは利点になるのですが、耐え切れないほどの大変化が起きると、もうだめです。一世代が長く個体数も少ないため、新しい環境に適応するものを生み出すことができず、絶滅するしかありません。

この辺は企業にも当てはまりそうですね。結局、大きいということは時間が遅いということでしょう。時間の回転を速くしてどんどん新しいものを生み出したければ、サイズを小さくしなければなりません。新しいものは小さなベンチャー企業から生まれてくるものです。

小さい企業は、すぐにつぶれる危険をもっています。これはデメリットなのですが、でも、ものは考えようでしょう。ゾウとネズミの例が、そっくり当てはまりそうな気がします。大企業では社員は、いわばサボっており、少人数で頑張っている企業の一人ひとりの働きとは、比べものになりません。大企業の時間はスカンスカン、小企業の時間は濃密と言えそうな気がします。ただしエネルギーをたくさん使って新しいことをやると、すぐに燃え尽きてしまいます。充実度ならばサイズの小さいほうに、長く楽ができるという点では大きいほうに軍配が上がるでしょう。でも結局、総エネルギー量、総仕事量は、大きいものも小さいものも、どちらも似たようなものになるかもしれません。

こんな見方をすれば、必ずしも大企業が良いことばかりというわけでもないでしょう。もちろんすぐにつぶれてしまえば、当事者にとっては大変困ったことになるわけで、小さいベンチャー企業の寿命は短くてもいいんだ、と気軽には言えません。でも、国家のレベルで考えれば、活力があり、新しいものがたえず生まれ出る社会にするためには、規模の小さなものが活躍しやすい土壌をつくっておく必要があると思われます。

現代人のエネルギー消費量

企業のことにまで話が及んでしまいましたが、いよいよここから、現代社会のエネルギー消費量について、生物学の視点から見ていくことにします。

現代人は莫大な量のエネルギーを使っています。そのエネルギーがどれほどのものなのか、哺乳類のエネルギー消費量の式をもとに考えてみましょう。

ヒトサイズの動物のエネルギー消費量（体重六〇キログラムのものの標準代謝率）を式から求めると八八・八ワットとなります。これは実際に私たちの体が使っている量七三・三ワット（成人男子）と、それほど大きくは違っていません。私たちの体は、ごく普通の哺乳類なみにエネルギーを使っています。

食べる量でも比較してみましょう。摂食率の式でヒトサイズの動物のものを計算すると一九〇ワット。標準代謝率のほぼ倍のエネルギーを食べます。さて、実際のヒトでは一二一ワットです。

ちょっと低めの数字ですね。じつはここにあげたのは普通のサラリーマンの値です。動物の摂食率と比べるには、本当は狩猟採集生活をしているヒトと比べるべきでしょう。サラリーマンでは運動量が少なく、食べる量も少なめになると思われます。そこで合宿中の運動選手の食事量を見てみると一五〇〜二四〇ワットです。かなり幅があるのは運動の種類による違いが大きいと思われますが、摂食率の式から予想した値が、ちょうど真ん中ぐらいに収まっています。

こうして見ると、いくらグルメブームだとはいっても、私たちはむやみにたくさん食べているわけではありません。標準代謝率にしても食べる量にしても、私たちの体は哺乳類の平均から、そう大きく隔たってはいないのです。

食べて体が使う分は他の動物なみなのですが、現代人はこの他に、石油や石炭などから得たエネルギーを大量に使っています。この量は国民一人あたり四七六二ワット（二〇〇九年）にもなります。これに食べる分のエネルギー一二一ワットを足すと、四八八三ワット。これが現代日本人のエネルギー消費量です。

この値から社会人としての「標準代謝率」を求めてみましょう。標準代謝率は一日に平均して使うエネルギーの半分と見積もれますから、四八八三／二＝二四四二。してての標準代謝率（七三・三ワット）の三三倍に当たります。現代日本人は体が使う分の、なんと三〇倍以上のエネルギーを使っているのです。

ではこれほど多量のエネルギーを体内で消費する動物とは、どのくらいのサイズになるかを計算してみましょう。恒温動物の標準代謝率の式に二四四二ワットと入れて体重を逆算すると五トン。ゾウなみの体重になります。

日本の人口密度はネズミ程度だと冒頭で申し上げましたね。ネズミ小屋の中でゾウなみのエネルギーを使っている、これが日本人の生活ということになります。

こう言ってしまうと、いかにもバランスの悪い生活に聞こえてしまうでしょう。ネズミ小屋というのもイメージが悪すぎます。言い方を換えてみましょう。狭いところに身動きできないほどぎっしりハイテク機器が詰め込まれていて、そこでたくさんのエネルギーを使っているのですから、コックピットのイメージではどうでしょうか。飛行機のコックピットが住みかと言えば、ずいぶんかっこ良くなります。でも、そんな中でゆったりとくつろげるかは問題になりますが……。

恒環境動物

日本人のエネルギー消費量は、体が使う分の三〇倍です。これはものすごい数字です。変温動物から恒温動物へと進化したときに標準代謝率が三〇倍になったのですが、まさに同じ数字なのです。恒温動物の出現といえば、進化の歴史上の大事件です。エネルギー的に見れば、これに匹敵する規模のことが、縄文時代から現代への過程で、われわれ人類の上に起こったことになります。

変温動物から恒温動物への進化において起こったことは、体内の環境をできるだけ一定にすること、つまり体の恒常性を維持しやすくすることでした。この環境には時間も含まれています。体温を一定に保てば時間の速度が一定になり、また高い体温は、時間の速度を速めました。これにより、素早く複雑な行動がいつでもできるようになったのです。体内の恒環境化のために、三〇倍にもエネルギー消費量が増えたのです。

では、私たち人類に三〇倍のエネルギー消費量の増加をもたらしたものは、いったい何だったのでしょう？　私はこれを変温動物から恒温動物へという変化の延長線上のこととしてとらえられるのではないかと思っています。人類がエネルギーを多量に使うことにより行っていることは、体の内部環境のみではなく、体の外側の環境までをも一定にし、より高速でありながら安定して正確で予測可能な行動を実現することです。内外すべての環境の恒常化による、高速・高精度・高再現性の獲得と言っていいでしょう。私たち現代人は、恒温動物からさらに進んで「恒環境動物」になったのだとは言えないでしょうか。

エアコンを使えば体の外部環境まで恒温動物。

電灯をつければ夜も昼間と同じような光環境。夜も動いている工場のライン。私たちは夜という不活発な時間を追放し、昼夜ともに同じ環境にもできるのです。

通信網、交通網、どれをとっても現代社会はいつでもすぐに何でもできる環境をつくり出しました。

ハウス栽培で冬でも夏の野菜が食べられ、季節の制約なし。好きなときに好きなものを好きなだけ食べられるというのは、まさに恒環境と呼べるものでしょう。温水プールで冬でも泳げる。夏にスキーができる施設までできています。都市とはまさに環境を一定にしているところ、都会人は恒環境動物になったと言えるでしょう。そして私たちはさらなる安定性と高速性をもつ恒環境づくりを目指しています。

このような恒環境化は手放しで喜べるものではありません。莫大なエネルギーにより可能になっているものであり、地球環境は、そのために悪化の一途をたどっています。自分のごく近くの環境だけを都合よく恒常化するために、さらに大きな地球環境の恒常性を犠牲にしているのです。地球温暖化、環境汚染、エネルギーをはじめとする資源の枯渇等々、恒環境化はやっかいで放置できない多くの問題を生み出しています。

体を基準に省エネを考える

それらの問題の中でも、エネルギーはとりわけ重大な問題です。このままいけば、石油はあと数十年、石炭も三〇〇年程度でなくなると見積もられています。代替エネルギーの開発は、ぜひともやらねばなりませんが、まだ実用化の目途は立っていません。今すぐできて効果のあるのは省エネです。

省エネの必要性はよく聞かされますし、いろいろなキャンペーンも行われています。でもそれほど省エネが進んでいるようにも見えません。私たちは一人四七六二ワットものエネルギーを使っているのだなどと言われても、あまりピンとはこないものです。

ピンとこないのは、使う単位が悪いからでしょう。ワットやジュール、カロリーという工ネルギーの単位では、実際どれほど多くのエネルギーを使っているのか、イメージがなかなか浮かんでこないのです。

そこで提案。人間一人の体が使うエネルギー量を単位とするのはいかがでしょうか。体が食べる分の一二一ワットを「一ヒトエネ」とする。このような自分自身に引きつけて考えやすい単位を導入すれば、自分のやっていることが目に見えてきて、抽象的にではなく省エネを考えられると思います。

ワットやジュールという物理学の普遍的な単位を使うことにより、私たちは抽象的にしかものごとを考えられなくなり、おのれの身の丈を忘れてしまいました。その結果、超えてはいけない線を超えてしまったのかもしれないのです。時間の単位にしてもエネルギーの単位にしても、物理学の単位を使うことが、かえって生物としての常識的な感覚を失わせているようです。これは問題です。

さて、では省エネするとして、どの水準にまでエネルギー消費量を減らしたら良いのでしょう。超えてはいけない線があるとすれば、それはどこなのでしょうか？

これはもっとも基本的な問いなのですが、省エネの基準が明確にされていないのが現状のようです。これでは省エネと言っても説得力は出てきません。

自分の体を基準にしたらどうかと私は考えています。私たちの体がこれだけのエネルギーを使うのだから、その何倍かまでの線にエネルギー消費量を抑えたらいいのではないかと、体にもとづいた基準を設定しようとするものです。では体の何倍を限度にするかが問題になるのですが、私は「一〇倍」という数字をあげたいと思います。私たちの体のデザインと生物の進化にもとづいて一〇倍という数字を提案したいのです。

まず進化にもとづく理由をあげましょう。先ほど申しましたように、単細胞生物から多細胞の変温動物へ、そして変温動物から恒温動物へと、進化の大きなステップでエネルギー消費量がほぼ一〇倍ずつ増加しました。体のつくりがこれほど違うものたちの間でも、エネルギー消費量は一桁の違いしかないのです。つまり生物においてはエネルギー消費量が一桁も違えば、まったく異質の世界になってしまうのです。

ヒトだって例外ではないでしょう。一〇倍以上のエネルギーを使えば、まったく違った生きもの。現代人は縄文人とはまったく違う異質の生物なのかもしれません。

そんな異質の世界に入り込むのは差し控えるべきだ。でないと生物としてのヒトのアイデンティティーを保てなくなり、なんらかの不都合が生じる恐れがあるだろう。だから桁違いはやめよう、というのが一〇倍という数字を出してきた主な理由です。

体は桁で違いを感じる

なぜ一〇倍かのもう一つの理由はヒトの感覚にもとづくものです。感覚生理学では「ウェーバー・フェヒナーの法則」という、刺激量と感覚との間の有名な法則があります。手のひらに重りをのせたとします。一グラムの重りと二グラムの重りの区別はできますが、一〇〇グラムの重りと一〇一グラムの重りの違いは区別できません。同じ一グラムの違いなのですが、重い重りを持っているときには、より大きな違いでないと感じとれないのです。

これは音であれ光であれ、ほとんどの感覚で成り立つものです。小さな音のときには、ほんのちょっと音が大きくなっただけでも大小の変化が分かりますが、ガンガン鳴っているときには、相当大きな変化があってはじめて音量が変わったことに気がつきます。実際の刺激の強さが一〇倍になっても、感覚のほうはひと目盛り分強くなったとしか感じないというのがウェーバー・フェヒナーの法則です。

言い換えれば、私たちは対数で世界を認識しているわけです。一〇の対数が一。一〇〇の対数が二。つまり一〇倍増えるごとに一目盛り増える。だから私たちは桁で世界を感じているとも言えるでしょう。桁が違ってはじめて、これは本当に違うと感じる、こういうやり方が生物の認識の仕方です。

エネルギー消費量が一〇倍、つまり桁が一桁違ったら世界が本当に違ってしまうのではないか。だから一〇倍以内にエネルギー消費量をとどめておいたらどうか、というのが一〇倍という数字を出してきた理由です。

でも、じつはこれは詭弁であることを告白しておきましょう。桁が違うといっても、何も十進法でなくても良いわけですから、一〇倍を一桁にする必然性はありません。でもまあ、私たちは十進法の世界の住人です。これは手の指が一〇本あるというう、やはり体にもとづいた理由によるものでしょう。だから私たちヒトにとって一桁といえば一〇倍。一〇倍というのは、ヒトにとって世界を異質なものとして認識する物差しになっているとは考えられないでしょうか。

こんな「詭弁」を弄《ろう》したのも、桁の重要性を強調したかったからです。

現代は数字を使わなければものが言えない世の中です。客観的とは数字で表すことだと、ごく普通に考えられていますね。このように数字が氾濫している世の中においては、数字の正しい読み方を知らねばなりません。

私たちは普通、数字というものは同質のもので量だけ違うと考えています。でも量が一桁違えば、質が違ってくるのだと思います。同じものでも十個あるのと一万個あるのとでは、質が違う――そのように数というものを読みとるのが正しい数字の読み方だと私は考えています。

現代の十進法が支配する数字の世界にウェーバー・フェヒナーの法則を持ち込め

ば、「量が一〇倍以上違えば、質的にも違ったものだと思うべし」という原則になります。これは私が勝手に考えたものですが、覚えておけば、いろいろな場面でけっこう役に立つものだと思いますよ。いずれにせよ、数字には注意してつきあうのが、賢いやり方だと私は思っています。

体と桁はずれのことをしないのが節操

体と桁はずれに違うことはしない。それが節操というものだと私は考えたいのです。体が使う分の数倍程度なら、余計にエネルギーを使っても問題は起こらないでしょう。でも一〇倍以上になると異質な世界に入り込むから、それはやめよう——こういう体に基礎を置いた節度を考えたいのです。

私たちは自分の体が使うエネルギーの、なんと三〇倍ものエネルギーを使っています。そのような大量のエネルギー消費により、現代人は自己のまわりを恒環境化し、その中で生活しているのです。エネルギー消費量は一桁の線を大きく超えてしまいました。私たちは既存の動物とはまったく異質の動物である「恒環境動物」になってしまったのです。

私は生物学者として、このような状態が正常のものだと考えたくはありません。体はベッタリと変化のない環境に置かれているのです。このような生活が、私たちの体と本当に相性の良いものでしょうか。そのような中で、体は幸せだと感じられるのでしょうか？

社会人の標準代謝率の推移

省エネ省エネといささか耳うるさく叫ばれるからでしょうか、「そんなに省エネっていうけれど、じゃあ縄文時代に戻れって言うのかい？」と、ちょっと捨て鉢な意見が聞かれたりもします。でも、いくらエネルギーを使うなといっても、縄文時代にまで戻る必要はありません。エネルギー消費量が体の一〇倍を超えたのは、つい五〇年前のことです。

江戸時代までは、体以外にエネルギーを使うといっても薪や炭、それにちょっとの照明用の油ぐらいでした。明治初期でも同じです。明治一〇年代には体以外のエネルギー消費量は二〇〇ワット程度だったと推定されていますから「社会人の標準代謝率」で言えば、ほんの二倍程度です。明治も後半に入ると、薪や炭を抜いて石炭がエネルギー源のトップになり、エネルギー消費量は増えていきます。それでも戦後すぐまで家庭用の燃料の半分は、まだ炭や薪でした。私たちが石炭や石油を大量に使うようになり、社会人の標準代謝率が一〇倍を超えたのは昭和三〇年代以降です。

戦後の社会人の標準代謝率の推移をグラフにしてみました（図3－2）。体が使う

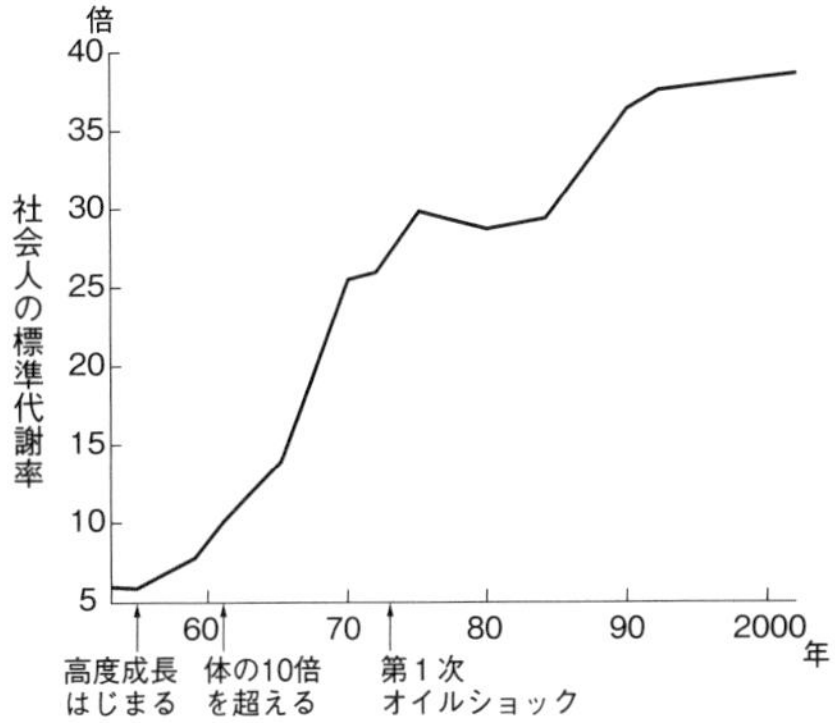

図3-2　社会人の標準代謝率　ヒトの標準代謝率を基準にして、その何倍かで示してある。10倍を超えたのは1961年

分の何倍かで示してありますが、一九五三年でも、まだ五・八倍です。一〇倍を超えたのは一九六一年（昭和三十六年）、ついこの間のことです。

一九五五年から一九七〇年まで、日本経済は年率九・七パーセントという高い成長をとげました。高度成長の時代です。この時期にエネルギー消費量は体の一〇倍を超え、三〇倍近くにまでなったのです。一九七三年に始まったオイルショックでしばらくは三〇倍付近にとどまっていたのですが、また増えてしまいました。

高度成長以来、私たちはエネルギーを湯水のごとく使って、この繁栄を築いてきました。でもこれは言ってみればバブルなのかもしれません。エネルギーバブル。これはほんの短い悪夢だと考えれば、充分元に戻れそうな気もします。

体にもとづいた倫理

人間が超えてはいけない線を、昔は宗教が教えてくれました。ところが現代では、誰もそれを教えてはくれないのです。歯止めがなくなって、ただ突っ走るだけになっているのが現状でしょう。大変危うい状況です。

このような状況に、なんとかすぐに対処しなければならないのですが、高尚な理想や理念をもとに考えていては議論百出。とてもすぐに結論は出てこないでしょう。そんなにゆっくり構えてはいられないのです。

そこでまずは自分の体に基準を置いて、それより桁違いに違ったことは控える、という考えを歯止めとして提出したいのです。これならば感情や理想や価値観などとは無縁ですから、万人が納得しやすく、現実的な考え方ではないでしょうか。

宗教やイデオロギーの無力になった混迷の時代に私たちは生きています。それらに頼らずに、万人がウンと言える行動指針や倫理を早急につくっていく必要があります。

私は、理想などという人間の夢想とは関係なく、ヒトの体という、もっとも人間に関わり合いの深い普遍的な物体に基礎を置くことにより、現実的な指針や倫理がつくれるのではないかと考えています。

第4章

現代人の時間——人はエネルギーを使って時間を早める

動物の時間とエネルギー、そして社会のエネルギーについて見てきましたが、本章ではここまでの話をもとに、「代謝時間」や「時間環境」という新しいものの見方を提出したいと思います。そして、このような視点をもつと、いったい現代社会のあわただしい時間やエネルギー問題がどのように見えるものなのかを論じることにします。

社会生活の時間もエネルギー消費量に比例する

動物において、時間の進む速度はエネルギー消費量に比例します。エネルギーを使えば使うほど、時間は速く進んでいくのです。

この関係に気づいたとき、おや？　これはどうも人間の社会活動にも当てはまりそうだぞ、と感じました。

車を使えば速く目的地に着けますが、車を動かすにもつくるにも、たくさんのエネルギーが必要ですね。だから、エネルギーを使うと時間が速くなると考えていいように思えます。何と言っても車は現代社会のシンボル。その車がエネルギーを使って時間を速めるものなのです。

現代のもう一つのシンボルはコンピュータですが、これはエネルギーを使って時間を速める最たるものでしょう。複雑な計算も速くできるし、電子メールならあっという間に世界中に手紙が届きます。エネルギーを使ってコンピュータをつくりそれを動かすと時間が速くなるのです。

コンピュータの心臓部のＣＰＵ（中央処理装置）の場合は、もっとエネルギーと時間の関係が直接的です。ＣＰＵの演算速度を速めようとすればするほど、エネルギーを注ぎ込まなければいけません。そのエネルギーは最終的には熱になります。スーパーコンピュータでは、この熱の処理が大問題になっています。

車やコンピュータだけではありません。身のまわりのほとんどの機器が、エネルギーを使って時間を速めるとみなせるものばかりです。飛行機、携帯電話、ファックス、工場の生産ライン、家庭内では全自動洗濯機や電子レンジでチン。このような文明の利器と言われるものは、便利なものですね。そして「便利」とは速くできることと言い換えてもいいでしょう。ですから文明の利器とは、エネルギーを使って時間を速めるものと言えるわけです。だから人間の社会活動においても、生きものと同様「エネルギーを使えば使うほど時間が速く進む」という関係が成り立つのではないでしょうか。

文明の利器を動かすために、私たちは膨大な量のエネルギーを使っています。体が使うエネルギーの三〇倍ものエネルギーを国民一人ひとりが使っているのです。

人類がエネルギーをどんどん使うようになったのは、もちろん近代になってからのこと。縄文時代には、体が使う分以外に、エネルギーなどほとんど使いませんでした。

私たち現代人は縄文時代の約四〇倍のエネルギーを使っていることになるでしょう。

社会生活の時間はエネルギー消費量に比例して速くなると考えると、現代の時間は縄文時代より四〇倍速い、ということになります。

正確に四〇倍かどうかは分からないところですが、このような考え方は、さほど間違ってはいないように思えるのです。現代社会の象徴として、また車を例にとれば、車は時速六〇キロ、徒歩なら四キロです。移動速度は一五倍ですので、車によって時間が一五倍速くなっています。現代人の時間は、やはり一桁は速くなっていると考えてよいのではないでしょうか。

エネルギーを使うものの中には、時間と関係のないものも、もちろんあります。夏の電力消費の大きな部分はクーラーですが、これは時間と直接の関係はありません。夏でも、昔だったら「夏は暑いねぇ」とうだーっとしていたところを、涼しく気持ち良くして休みもとらずにバリバリ働いているわけですから、これも時間を速めるのに大いに貢献しています。電灯だってそうです。夜も休まずに働けるのです。その分、社会の時間は速まります。

前章で、私たちは自己の体の外部をも恒環境化しているという話をしました。効率良く高速でものごとを行うには、環境がいつでもどこでも安定していなければなりません。一部分でもほんの少しの間でも、遅かったり働かなかったりするところがあれば、そこがネックになり、すべてが遅れてしまいます。精密で正確なことを行うにも安定した環境が必須ですし、速い者同士のタイミングを合わせるにも、環境が安定している必要があります。また、速くするためには、あらかじめ先が読めると最速最短の方法がとれますから、恒環境化して予測可能の状況になることは都合の良いことです。

恒温動物は変温動物に比べて、ずっとたくさんのエネルギーを使って体温を高く一定に保ち、体の内部を恒環境化して高速に正確にものごとを行えるようにしました。これをさらにエスカレートさせて、私たち現代人は莫大なエネルギーを使って「社会の体温」を高く一定に保ち、体の外部をも恒環境化し、より高速により正確にものごとを行えるようにしているのだと私はみなしています。

時間のギャップが生み出す不幸

このように昔と比べて現代社会の時間は桁違いに速くなっているのですが、体の時間はそうではありません。

私たちの心臓のリズムや肺のリズムを、同じサイズの他の哺乳類と比べてみても、大きな違いは見られないのです。たとえば心臓の一回の拍動は私たちでは〇・九秒ですが、体重六〇キログラムの哺乳類の平均は〇・七秒。ほとんど違いがありません。体が使うエネルギー量でもそうでした。現代人といえども平均的な哺乳類とみなせるものなのです。現代人がそうなのですから、縄文人だってそうだったに違いありません。現代人も縄文人も、体自体に大きな違いはなく、私たちの体のリズムは昔のままなのです。とすると、体の時間は昔と何も変わっていないのに、社会生活の時間ばかりが桁違いに速くなっているのが現代だということになります。

そんなにも速くなった社会の時間に、はたして体がうまくついていけるのでしょうか？　現代人には大きなストレスがかかっているとよく言われます。そのストレスの最大の原因は、体の時間と社会の時間の極端なギャップにある、と私は思っています。

私たちは、より速くより便利な生活を追求してきました。リニアモーターカー、光ファイバーのインターネット等々、話題になるものといえば、速い移動、速い通信を可能にするものばかりです。新聞には新車の大きな広告が目立ちます。速いことは良いことだ、より速く便利であればより幸せだ、というのが現代の価値観なのです。

はたしてより速いことは、より幸せなことなのでしょうか？　これほど大きな時間のギャップを抱えていながら、私たちは本当に幸せだと感じられるのでしょうか？

より速くという社会の要請に応えるべく、技術者は日々大変な努力をしておられます。本当に頭が下がります。でも便利なものを作ればつくるほど社会の時間は速くなり、体の時間とのギャップもどんどん大きくなっていきます。つまり技術者が努力すればするほど、私たちはますます不幸になっていくわけです。

技術とは人類を幸福にするためにあるものです。真の幸福とは何か、「幸福の技術」とはどんなものなのかを、技術者をはじめ私たち一人ひとりが考えてみる必要があると思います。

省エネは幸せである

エネルギー問題は、どうしても解決しなければならない大問題です。でも、将来石油がなくなるから省エネしようと呼びかけても、ほとんど効果はありません。オイルショックのときには、それなりに省エネは実行されたのですが、これは石油の値段が上がったから。子孫のために石油を残そうと禁欲したわけではありません。値段が下がれば元の木阿弥です。

東日本大震災以降、節電が叫ばれていますが、それは電力が足りないからです。正直言って節電など、したくはないのですね。だからこそ太陽光発電などの代替エネルギーがたちまち大きな話題になってくるのです。でもそれはすぐには間に合いません。だから火力発電量を増やして不足分をできるだけ少なくしようという電力会社の対応が、当然のものだと受け取られています。

震災前には、二酸化炭素排出量二五％減などという議論がにぎやかでした。あれが本気だったなら、そう簡単に火力発電に切り替えて二酸化炭素排出量を増やし、かつまた子孫に渡すべき化石エネルギーを減らすわけにはいかないものでしょう。

私たちの感覚としては、エネルギーをたくさん使うこと自体は悪くはないのですね。原子力発電が悪いのは、エネルギーを生み出す際に、わたしたちを危険にさらすおそれがあるからです。

便利な暮らしはめざすべきものであり、幸福なことだと私たちは思っています。その幸福はエネルギーの大量消費により手に入るとすれば、エネルギーをふんだんに使うことは幸福への手段であり、悪いこととは考えられません。そしていったん便利さを手にしてしまえば、それを手放すことは、とても難しいことです。今現在、私が便利に暮らせることが何より重要で、子孫の使う資源がなくなるし将来の環境が悪くなるからという理由だけで、今の幸福を手放す気には、なかなかなれません。私だけ良ければいいとし、次の世代のことは考えないのが現代個人主義というものでしょう。だから「子孫のために省エネしよう」というキャンペーンが効果をもつとは思えません。

発想を変えてみましょう。幸福を手放させるのは無理なのですから、エネルギーを使えば不幸になると思わせればいいわけです。「エネルギーを使えば使うほど、社会の時間と体の時間のギャップは大きくなり、私たちはより不幸になるのだ。だから幸せになりたかったら省エネするしかない！」

誰でも幸せになりたいのです。だから省エネすれば幸せになれるのだと思わせるやり方を編み出し、どんどん宣伝する。これが省エネを勧める良い方法だと私は思っています。

エネルギーで時間を買う

そうは言っても、やはり速いことは魅力的ですね。車やコンピュータを使えば同じ時間内にたくさんのことができますし、仕事を早く片づけて自由のきく時間を手に入れることもできます。エネルギーを使うと時間を生み出せるのです。一九四一年のNHKの調査では、サラリーマンの自由時間は一時間。それが二〇〇〇年には三時間半に増えています。一日あたり二時間半の自由時間が、エネルギーを使う機械により生み出されたのです。驚くべきことに、戦前の農家の女性の余暇に当てられる時間は、一日たったの一五分でした。それが今では四時間になっています。農作業と家事とをすべてこなさなければならなかった農家の女性にとって、エネルギーを使うさまざまな機械の恩恵は、特に大きいものだったのです。

以上は機械を使って速くものごとを仕上げて時間を生み出す話ですが、エネルギーを使った別のタイプの時間の生み出し方もあります。寿命です。寿命は戦前は五〇歳。現在は八〇歳ですから、三〇年も寿命が延びました。これに関しては次章で詳しく述べますが、現在の長寿はエネルギーをふんだんに使っているからこそ可能になっているものです。エネルギーを使って高度な医療を駆使すると長生きでき、その結果、より多くの時間が手に入ります。私たちはエネルギーで三〇年という時間を生み出しているわけです。

時間を速めるにせよ寿命を長くするにせよ、どちらもエネルギーを使って自由な時間を生み出しているのですが、エネルギーはお金を出して買うわけですから、「現代人はエネルギーを使って時間を買いとっている」と言えるのではないでしょうか。金でエネルギーを買い、そのエネルギーで時間を買いとっているのです。

時間とエネルギーが、金を仲立ちにしてつながることにより、現代社会は動いています。消費とは金でエネルギーを買い、それで時間を買うことですし、一方、生産とは、エネルギーを注ぎ込んで時間を速め、それで金を得ることとみなせるでしょう。万事お金という世の中ですが、お金とエネルギーと時間という、三者の一連の流れとして見ていくと、世の中がすっきりと理解できるような気がします。

新しい経済学?

ビジネスの世界では「時は金なり」です。一所懸命働いて、短時間内にたくさんのことをしたり他を出し抜いたりして儲けるのがビジネスです。一所懸命働くとはエネルギーを注ぎ込むことであり、たくさんの仕事をしたり他を出し抜くとは、時間を速くするということでしょう。エネルギーを注ぎ込んで時間を速くすると金になる。「時は金なり」とはその連鎖の後半を言ったものだと見ることができます。

ビジネスとはビジー（busy）の名詞形、つまり忙しいことです。忙しいとは時間が速いことですから、ビジネスは時間を速くすることであり、結局、時間を操作するのがビジネスだとみなしていいのかもしれません。もし時間を操作可能な戦略物資の一種として取り扱えるならば、ビジネスにおける戦略の立て方が大きく変わるはずです。でも、普通はそうは考えません。現在の経済学は、ニュートン力学の枠組みを経済現象に持ち込んで考察するものです。経済学の時間は物理的な絶対時間であり、時間が変わるとか、時間は操作可能というような見方はしないものです。しかしこれはずいぶんと狭い、かたよった見方なのかもしれません。時間が変わるという見方をすると、今までとは違った（そしてより役に立つ）経済学が構築できそうな気がするのですが。

メートル法の功罪

ここまで、生物の時間も社会の時間も、エネルギー消費量と関係するのではないかという議論を進めてきました。これは時間の定義に関わる問題です。ニュートン力学では絶対時間というものが実在するかのように考えるのですが、それとは違った生物的時間や社会的時間が存在すると考え、その違いを議論してきたのです。物理的時間は直線的な時間、それに対して生物的時間は回る時間。種類が違うものです。

このような考え方は、時間という実体が存在すると考え、それがどんなものかを議論しようというやり方ですが、ここで、ちょっと見方を変えてみることにしましょう。

長さを測るとします。三〇センチ物差しを使いましょうか。長いものを測るときには、これを繰り返し当てていきます。このように、測るという行為は、ある繰り返しの単位を使って数えることです。だから測られるほうのものがたとえ直線であっても、測るほうは繰り返すのですから、クルクル回るものだとも言えます。

測る単位にもいろいろあるでしょう。私たちが使う物差しは三〇センチ、長くてせいぜい一メートル程度が使い良いのですが、仮にネズミが物差しを使うなら一センチ程度のものでしょうし、アリなら一ミリくらい。それぞれの使い手に合った長さのものを使うでしょう。

昔は自分の体を物差しにしていました。指を広げて尺、両手を広げて尋《ひろ》、一歩の歩幅がフィート、前腕の長さがキュービットと、洋の東西を問わず、体で長さを測っていたのです。このような単位ならば、距離や空間の大きさを自分のものとして実感できます。

ところがフランス合理主義の時代になり、地球の子午線の長さの四〇〇〇万分の一を一メートルとするメートル法がつくられました。体は人により長さがまちまちだから、そんないいかげんなものではない確固としたものにもとづく絶対的な単位系をつくろうという発想です。メートル法により、人類はあいまいさのない共通の物差しがもて、規格化された製品が大量につくれるようになりました。今のような工業社会が発展してきたのは、まさにメートル法のおかげなのです。

しかしメートル法により、長さや空間は私たちの感覚から離れていってしまいました。体で世界を測って自分のものとすることができなくなってしまったのです。長さの単位から人間を追放したのですから、メートル法とは人間疎外の発想だったとも言えるのです。そして単位そのものが、あたかも絶対の実体であるかのように、私たちは考えるようになってしまいました。

時間の場合もまったく同じことが言えるでしょう。普通、時間は一直線に流れていく絶対的なものと考えていますが、それを計る際には時計や地球の回転というクルクル回るものを使います。ここでも計るものは回転するのです。回転の単位として、私たちは分や時間や日や週や年を日常的に使っているのですが、大腸菌だったらどうでしょうか。大腸菌は二〇分に一回分裂を繰り返します。一生が二〇分と考えると、彼らにとって週や年などという単位は重要な意味をもたないでしょう。彼らの単位は、われわれのものより、ずっと短いものになるはずです。

絶対時間という考え方は、私たちの外に絶対の存在があり、それに重きを置こうとする考え方です。でも私たち計り手を主役にした考え方があってもいいでしょう。時間は絶対不変で直線的に流れ去っていくものだとしても、それを計る計り手は、おのおの独自の回る単位をもっています。ネズミの時計はクルクルと速く回りますし、ゾウのものはゆっくりと回っています。それぞれの生きものがそれぞれのペースをもっているのですから、そのペースを主役にした時間の見方があってもいいのではないでしょうか。絶対時間も、計られてこそ姿を現すものなのです。

私たちは江戸時代まで、時間の進み方が変わる時計を使っていました。日の出と日没を基準にして、その間を等分するのですから、日の長い夏と短い冬とでは、一刻の時間の長さが変わるものだったのです。時計がなかったから、こんな「野蛮な」やり方をしていたというわけではないようです。日長に合わせて一刻の長さが変わるように改造した、驚くほど精巧な時計が江戸時代にはつくられていました。

暖かく日の長いときにたくさん働き、寒く日の短いときは休む。活動のペースに合わせて時間の長さを調節するのは、生活の知恵と呼べるものでしょう。ところが明治になり、時間は絶対時間に変えられてしまいました。それ以来、時間というものは絶対不変のもの、時間という絶対者が外側に存在し、私たちはただその支配下に置かれている状況になったと言えるかもしれません。時間を含めてメートル法という単位系

（現在の国際単位）は、杓子定規《しゃくしじょうぎ》なものであり、人間の知恵の入り込む余地のまったくないものです。私たちをがんじがらめにして自由を奪っているものとも言えると思います。

代謝時間――新しい時間の見方

メートル法では、測り手である人間ではなく、人間の外に存在する時間や物体が基準となっており、それらが主役として大切にされているのですが、発想を逆にして、測り手を基準にした単位系を考えてみたいのです。測られるものよりも、測るものを主役にした考え方をすることにより、人間に自由を取り戻そうという発想です。

そのような試みとして、「代謝時間」という考え方をしてみましょう。これは、単位時間内に（これは絶対時間）どれだけのエネルギーを使うのか、つまり代謝速度を時間の速度と考えるものです。エネルギーを使えば使うほど生物の時間も社会の時間も速くなるとこれまで考えてきたのですが、逆に時間とはそういうものだと、こっちから（勝手に）定義してしまおうというものです。

単位時間あたりのエネルギー消費量とは、物理学では仕事量に当たります。どれだけ仕事をするかで時間を計ろうとするわけです。

大人のヒトが一秒間に使う体重一キログラムあたりのエネルギーは、安静時で約一ジュールです。一ジュールを使うのに要する絶対時間を代謝時間とすれば、ヒトでは一秒ですが、ネズミなら〇・一五秒、ゾウは二・七秒という計算になります。エネルギーを使うものほど時間は速く進み、代謝時間そのものは短くなるのです。この考え方では、絶対時間で計ったヒトの一秒と、ネズミの〇・一五秒やゾウの二・七秒が、同じ重みをもったものとしてとらえられています。ネズミの一時間はゾウの一八時間に、現代人の一日は縄文人の一カ月ちょっとに当たる、という勘定です。エネルギーをたくさん使ってたくさん仕事をしたものの代謝時間は短く、エネルギーをあまり使わず仕事をせずのんびりしていたものの代謝時間は長くなります。

子供の時間・大人の時間

私たちは生まれ、成長し、老いていくわけですが、この一生を通して流れている時間も、同じ速度ではないのかもしれません。体重あたりのエネルギー消費量は、子供では高く、老いてくればくるほど減っていきます（図4－1）。エネルギー消費量と時間の速さが比例するという代謝時間の考えに立てば、子供の時間は速く進み、大人の時間は遅く、老人の時間はもっとゆっくりということになるでしょう。

たしかに自分自身を振り返ってみると、時間の感じ方は年とともに変わってきました。子供の頃の夏休みはものすごく長かったし、一日もとても長く感じられたものです。最近はとみに一日が速く過ぎ去っていきますね。

この違いは、エネルギー消費量と関係した時間で説明できそうな気がします。つまり、子供はエネルギーをたくさん使って時間が速く進むから、一日二四時間という同じ絶対時間の間に、子供は大人よりもいろいろなことをやってたくさんの経験がもてます。だからこそ子供は一日が長かったと感じるのではないでしょうか。

速い時間は、後から振り返ると長い時間と感じられるのだと思います。時間はそのただ中に入っているときと、後から振り返って思い出すときとでは、はやさの感覚が逆転するのだと私は思っています。

成長における代謝時間の変化を図にしてみました（図４－２）。代謝時間は年とともに長くなります。二〇歳までの変化は急激で、それ以降はゆっくりと代謝時間が長くなっていきます。

子供の一時間が、大人のほぼ二時間に当たります。大人では子供に比べて時間が二倍ほどゆっくりなのです。

学校の授業は一コマが、小学校では四五分、大学では九〇分で行われています。子供の頃には、大学生って偉いんだな、あんな難しい話を九〇分もじっと聞いていられるんだものと、尊敬の念をもっていました。でもそう思う必要はなかったのかもしれません。大学生の時間は、いってみれば密度が半分。九〇分でちょうど小学生の四五分と同

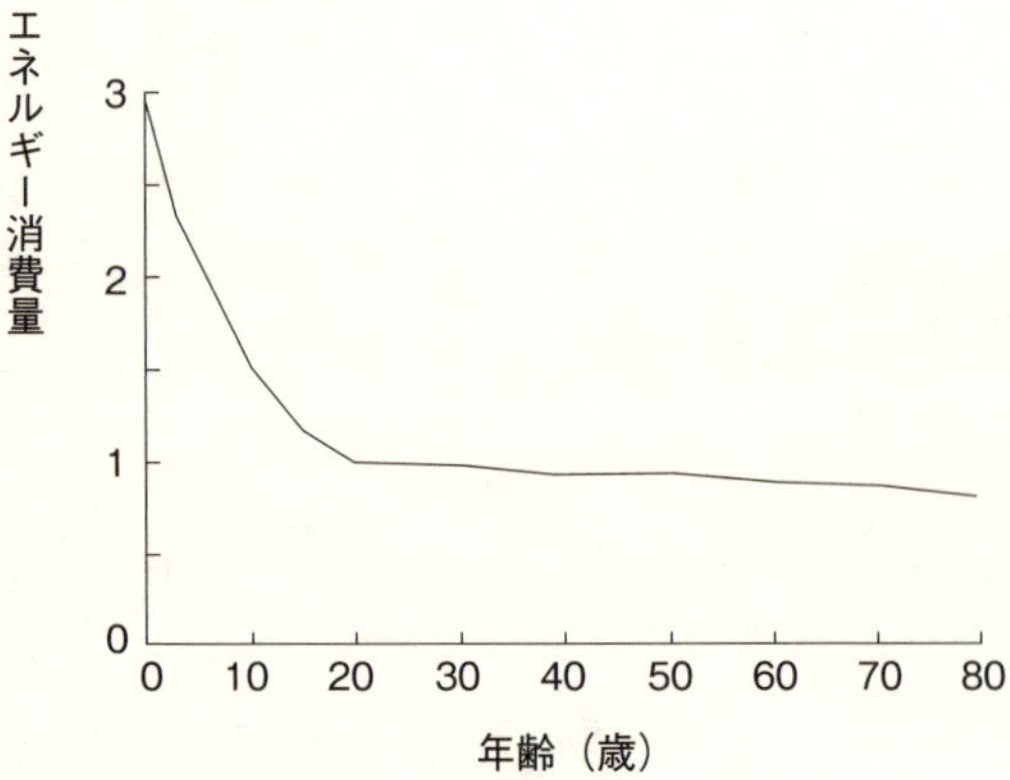

図4-1　ヒトのエネルギー消費量と年齢
20歳を基準にした相対値で示してある。体重あたりのエネルギー消費量は年齢とともに減少する

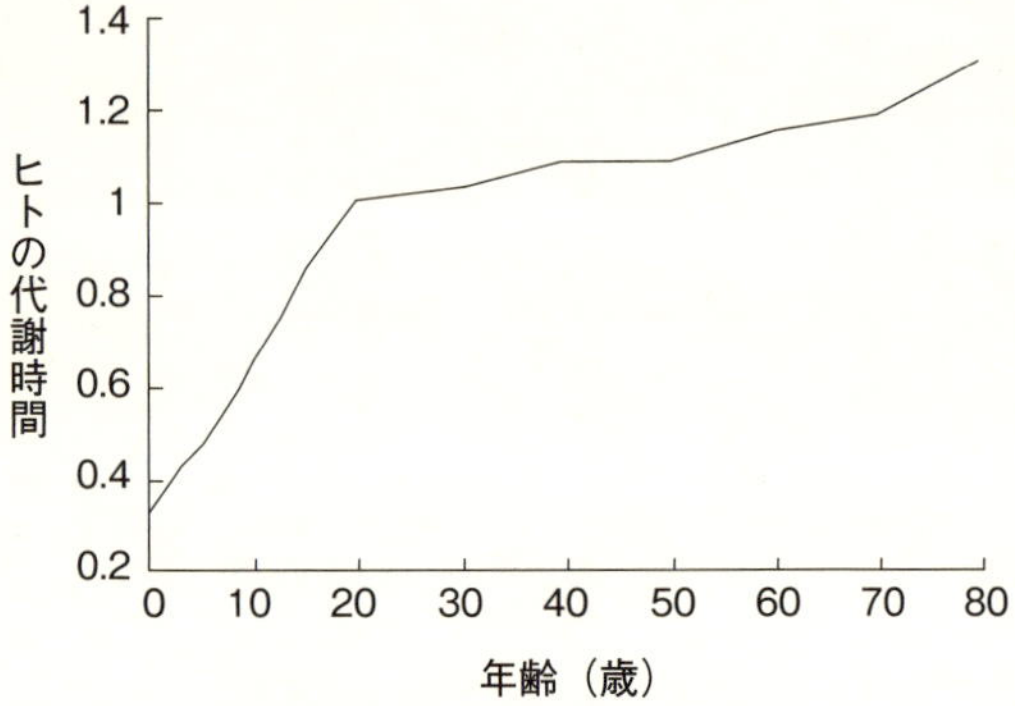

図4-2　ヒトの代謝時間と年齢
1日のエネルギー所要量をもとに計算し、20歳を基準にした相対値で示してある。代謝時間は年齢とともに長くなる

じ仕事量になります。大人の時間は、いわば半分スカンスカンなのです。だからこそ長い授業でもがまんできるのでしょうね。世の中の仕組みは、ちゃんとなっています。

この例でも分かるように、私たちは経験的に時間の違いを感じとり、それなりの配慮をしてきたのだと思います。でも、意識的に時間が違うと考えるのは、また別のことです。代謝時間がどれほど違うのかを定量的に把握しておくことは、子育てや教育の現場において、ぜひとも必要だと思います。老人介護でも同じです。

子供の時間と老人の時間とは、大いに違うものかもしれません。それぞれの年齢に合った時間があってもいいし、時間が変われば価値観も変わるでしょうから、その年齢に本当に合った価値観が生まれてきてもいいと思われます。現代は、時間は一つと考えてしまいます。そしてどれか一つを選択するとなれば、どうしても元気な青年の時間が選ばれてしまうでしょう。価値観も、若い元気な速いのが良いとするものだけになってしまっています。このような若者の時間・若い価値観ばかりが幅をきかせている現代では、老人や子供の立つ瀬がないような気がします。

代謝時間は高度成長で短くなった

前章の社会人の標準代謝率を使えば、社会人としての代謝時間を算出できます。これが戦後どう変わっていったかを図にしてみました（図4－3）。社会人の標準代謝

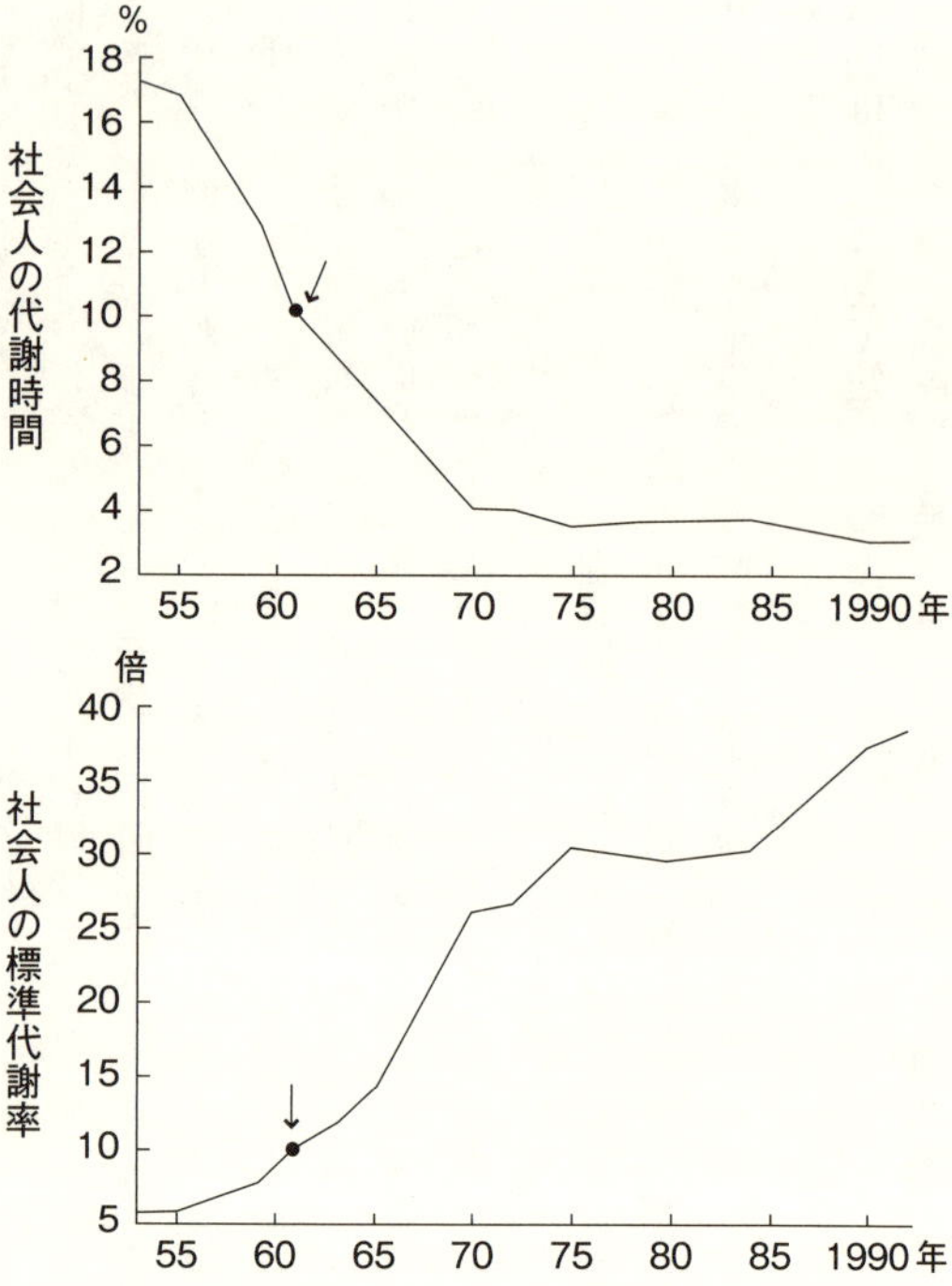

図4-3　社会人の代謝時間　ヒトの代謝時間を100パーセントとして表した相対値（上）。下に社会のエネルギー消費量の図も掲げておいた

率の図も、再度下に並べてあります。

図では、体が使う分以外にエネルギーをまったく使わない場合の代謝時間を一〇〇パーセントとして表してあります。現在、代謝時間はほぼ三パーセントです。体が使う分の四〇倍のエネルギーを使っているので、$1/33$つまり三パーセントになるのです。図を見ると、高度成長期の一五年間に代謝時間は急速に短くなり、一九六一年に一〇パーセント、つまり体の時間より一桁速い（短い）線を切りました。高度成長期の前後で比べると、代謝時間は五分の一にもなったのです。

　その後の変化は、グラフではごくわずかのように見えます。昔の長いゆっくりとした時間を基準にとれば、これほど速く短くなった最近の代謝時間の変化など、ごくわずかにしかグラフでは見えないものです。しかし、このわずかの変化に使われているエネルギーの量は莫大です。下の社会人の標準代謝率の図（エネルギー消費量の図）と見比べれば、ここのところがはっきりするでしょう。一九七〇年以降だってエネルギー消費量は相当増えているのです。でも時間のほうは、ほんのわずか変わったように見えるだけです。これは、時間がゆっくりのときには、少しのエネルギーで時間は何倍にも速くなるのですが、すでに速くなってしまった後では、それをもっと速めようとすると、昔と同じ量のエネルギーを注ぎ込んでも、ほとんど影響はないからです。格段に多いエネルギーを注ぎ込まないと、さらに速くはできません。だから、エネルギーを使うわりには、ありがたみのない事態なのです。

もっとありがたみのないのが現実かもしれません。前章のウェーバー・フェヒナーの法則を思い出して下さい。この法則が時間感覚にも当てはまるとすると、時間がゆっくりだった頃には、ほんの少し時間が速くなっても、ものすごく速くなったなぁと感じたでしょうが、現在のように、すでに相当速くなった後では、少々の変化では、さっぱり速くなったとは感じられないものでしょう。私たちは、昔ほどありがたさを感じないにもかかわらず、時間をより速くしようと努力している恐れがあります。注ぎ込むエネルギーの効率からいえば、ずいぶん無駄なことをしているわけです。

時間環境――環境問題の新視点

このような「社会の代謝時間」の考えに立つと、現代社会の時間の環境が、はたして快適なものかどうかを問うことができるでしょう。環境問題というと、私たちを取り巻いている物理空間や化学物質の環境の問題だと、普通は思われています。特に化学環境が汚染との関わりで、中心的課題として取り上げられてきました。時間が環境問題として取り上げられることなどありません。

これは当然でしょう。時間は変わらないのですから、「時間環境」という問題の立て方はあり得ないのです。でも時間は変わるという今までの話からすれば、こういう問題の立て方があり得ます。

社会の代謝時間という考えに立てば、私たちが置かれている時間環境は、ここ数十年の間に、ものすごい勢いで変わってきたことになります。私たちは温度や光など、身の回りの環境を恒環境化してしまいました。その中で時間環境だけが、どんどん変わってきたのです。これほど環境が一定のほうが良いと思っていながら、時間環境だけは変わってどんどん速くなるのが良いのだと考えるのも、ちょっとおかしな話です。こんなおかしなことが起こるのも、時間というものはすべてに超越した絶対的なものであり、時間は変わるものではないし、環境として考えるようなものでもないという、強い思い込みがあるからなのでしょう。

日本国民の半数近くが、社会生活のテンポが速すぎると感じています（図４－４）。速すぎると感じる人間の割合は、年齢とともに増えていきます（六〇歳代でちょっと減るのは、現役を引退したことと関係あるかもしれません）。

私はヒトという生きものにとって適切な時間環境があると信じていますし、それは年齢によっても異なるものだと考えています。すべての時間を同じだと考え、すべてをより便利により速くしていこうとする現代社会は、無意識のうちに私たちの時間環境を破壊しているのではないでしょうか。

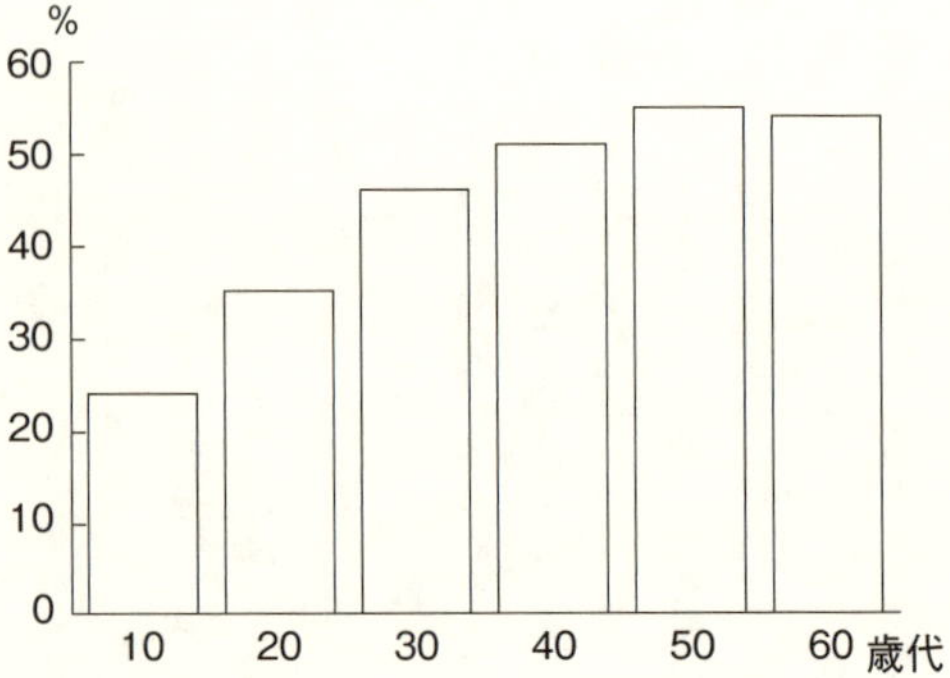

図4-4　社会のテンポが速すぎると感じる人の割合
40歳を超すと半数の人が社会のテンポが速すぎると感じている
（NHK放送文化研究所国民生活時間調査、1990にもとづく）

時間の問題から、エネルギー問題をはじめとする、他の多くの環境問題も派生してきます。時間環境は、環境問題のもっとも重要なものとして取り扱われるべきものだと私は考えています。そして、そういう問題があることにすら気づかせない現代の時間観は、やはり非常に問題の多いものなのです。

国の代謝時間——南北問題と時間

代謝時間の考え方は、先進国と発展途上国の間のお付き合いの場でも役に立つかもしれません。エネルギー消費量は、国により大きな違いがあります。エネルギー消費量を社会のテンポと単純に考えて、国民一人あたりのエネルギー消費量をもとに二〇〇九年「国の代謝時間」を計算してみました。

日本とヨーロッパの代謝時間は、ほぼ同じくらいです。アメリカの代謝時間は日本の半分ですから、時間が倍くらい速い。それに対して中国では日本の倍くらい時間がゆっくりです。

多くの発展途上国の代謝時間は、日本の一〇倍またはそれ以上です。時間が一桁ゆっくり流れているのです。私たちが発展途上国とお付き合いする際には、その国の代謝時間を参考にして、ゆったりと構える必要があるのでしょうね。先進国なら二年でできるプロジェクトも、ここでは一〇年はかかるだろうなあ、というような概算に、代謝時間は使えるのではないでしょうか。

念のために申し添えますが、代謝時間がゆっくりだからといって、それが悪いとか遅れていると言うつもりはまったくありません。代謝時間が日本の四倍以上長いということは、体の時間と社会の時間とのギャップが一桁以内に抑えられていることになり、この点ではとても幸せな状態だとも言えるのです。

時間をデザインする

代謝時間とは、時間の速度がエネルギー消費量に比例するという考え方です。このような考えに立てば、エネルギーを注ぎ込むことにより、時間を操作できることになります。つまり、自分で時間をデザインすることが可能になるわけです。

これは時間を武器に戦っているビジネスマンにとって、大変有効な考え方でしょう。もちろんビジネスに限らず、他のいろいろな分野でも使いでのあるものだと思います。日々の暮らしの中で、自分なりに考えて時間環境を快適にデザインできるのですし、一生という時間においても時間の設計がきくわけですから、もっと積極的に自らの人生設計に取り組めるようになるでしょう。

時間を自分で設計できると考えただけで、より自由に生きていけるような気がしませんか？　気持ちが楽になります。

時計で計る時間だけが問題ではなく、エネルギー消費、つまりどれだけ仕事をするかが時間に大きく関係するなら、ただ絶対時間の長いことが良いわけではありません。価値観が変わります。生き方が変わります。死というものへ向き合う姿勢も変わってくるでしょう。

このように代謝時間はとても有効な考え方だと私は思っているのですが、これを絶対視せよと言うつもりは毛頭ありません。時間の問題に限らず、複数のものの見方ができるということが、心の豊かさにつながるのではないかと私は考えています。だから今までのように一つの時間しか考えないやり方に対して、時間もいろいろあると考えるのはいいことではないかと私は思っているのです。

本章では生物的時間から発展させた代謝時間という考えをもとに、いろいろな社会の時間について論じてきました。あえて生物学から踏み出し、社会の問題にまで言及したのは、南北問題であれ高齢化社会の問題であれ、重要な問題の背後にはエネルギーと時間の問題が存在しており、これら大問題の解決には、時間の新たな見方が必要だと私は思っているからです。時間に対する柔軟な姿勢が、閉塞気味の今の世界を変えられるのではないかと私は期待しています。

生物の根本デザイン

ここでまた生物学に立ち返りましょう。これまでに、

時間は体重の$1/4$乗に比例する
時間はエネルギー消費量に反比例する

という、生物における根元的な関係を示してきました。

ここで時間が体重の$1/4$乗に比例することの意味を考えておきましょう。体重は体積に比例し、体積は体の長さの三乗に比例しますから、この関係は、

時間は体長の$3/4$乗に比例する

と書き改めることができます。

長さとは空間を測る単位です。そして先ほど述べたように、私たちは体長で長さを測っていました。つまり体長は空間の単位なのです。体長と時間との間にこんな関係があるのですから、これは動物の時間と空間が、こんな形で相関関係をもっていることを意味するでしょう。

でも普通、時間と空間とは独立で、相関関係などまったくないと考えていますね。ニュートン力学ではそうです。時間と位置（つまり空間）とは独立だからこそ、位置の時間微分という形でニュートンの運動方程式が立てられるのです。

ところが動物が関わってくると、事態は違ってきます。

時間が長さの$3/4$乗に比例するということは、動物の時空はこのようにデザインされているとも言えるでしょう。この関係式と、時間とエネルギー消費量の関係式とをもう一度並べて書いてみます。

時間は体長の$3/4$乗に比例する
時間とエネルギーは反比例する

この二つの式で、時間・空間・エネルギーという、存在に関わるもっとも基本的な枠組みの関係が書き表せます。

これだけ重要なものが、こんな簡単な式で書き表せるのです。だからこれは「動物の根本デザイン」を反映している最も基本的な式だと私は考えています。

ただしここで時間や空間やエネルギーと言っているものは、物理学で使っているものとは違います。時間は心臓の拍動の時間などですし、空間は体の長さ、エネルギーは単位体重あたり単位時間あたりのエネルギー消費量です。次元としては、ずいぶん複雑ですっきりしないものです。でも、これらは生物にとって意味のある時間・空間・エネルギーの単位なのです。生物にとって意味のある単位系を設定すると、このように生物の基本となる法則が見えてくるのです。

生物の示す時空とエネルギーのこのような関係は、生物学のみならず、他のあらゆる分野において考慮されるべきものだと私は考えています。私たち人間は生物の一員ですし、私たちを取り巻いている環境も、生物環境という、いろいろな生物がつくり上げている環境が大きな部分を占めています。だから生物の根本デザインは私たち自身にも、また私たちの環境にも当てはまるものでしょう。とすれば、私たちが何をするに当たっても、まずこのデザインを考慮する必要があるはずです。

環境にやさしい＝環境と相性が良い

「環境にやさしい技術」や「人にやさしい技術」という言葉をよく耳にします。二十一世紀にわれわれ人類が生き残っていくためには、環境問題をぜひとも解決しなければなりません。ですから、このような言葉が流行《はや》るのは悪くはないのですが、でも「やさしい」というのは、あまりにも情緒的で漠然とした言葉です。どうしたらやさしくなるのか見当がつきかねます。もっとはっきりした言い回しが欲しいところです。

「やさしい」を「相性が良い」と言い換えたらどうでしょうか。相性が良ければ相手に負荷がかかりにくくなりますので、これは「やさしい」と言えるでしょう。

では相性を良くするにはどうすればいいでしょう？　相手のデザインから大きくはずれていないようにすれば良いのではないかと私は考えています。

生物のもつ時間・空間・エネルギーのデザインから大きくはずれないようにすれば、生物と相性が良くなり、やさしくなれます。そして生物がつくり出す環境にもやさしくなれるでしょう。

生物としてのヒトのデザインから大きくはずれていない製品をつくれば、使い手である人にもやさしくなれるでしょう。また、私たち自身の生き方にしても、ヒトのデザインと大きくはずれてしまったならば、本当に幸せだとは感じられないのではないでしょうか。現在の私たちの生活は、決してヒトにやさしいものとは思われません。

今までの技術は物理学をもとにしてしか、ものを考えてきませんでした。だから技術者は生物の時空などという、生物のもっとも基本的なことすら理解していなかったし、理解する必要も感じなかったのです。生物学を学ぶことを通して「環境にやさしい技術」「人にやさしい技術」「環境にやさしい生き方」「人にやさしい生き方」をつくっていく必要があると私は信じています。

日本発の新技術

日本は技術のおかげで、これほどまでの繁栄を築いてきました。資源をもたないのですから、これからも技術立国の道を歩まねばならないでしょう。でも既成の技術ならばアジアの国々の追い上げが激しくなってきています。高品位な新しい技術の開発が、日本の生き残る道だと言われています。

その高品位ですが、より速くより効率の良いものを高品位とするのが技術の常識でしょう。でも「高品位＝高速・高効率」という図式を考え直すときが来ていると私は思います。生物や環境と相性の良いもの、生物のデザインを考慮したものが高品位であるという考え方に切りかえていくべきではないでしょうか。

そうは言っても、時間が生きものにより使い手により、いろいろと違うのだから、それに合わせて機械も変えるべきだというような考えは、技術者にはなじみにくいものでしょう。特に西欧のように、時間は神のもの、絶対のものという精神風土の強いところでは、これを受け入れるのはなかなか困難だと思われます。

でも、日本なら何とかできるかもしれません。私たち日本の技術者は、工場のロボットにも一台一台、「百恵ちゃん」「聖子ちゃん」と名前をつけて、あたかも生きもののように付き合っているのですから。

西欧の思想では、生きものと人との間には断絶があります。生きものと物との間でもそうでしょう。日本では、そのようなキッパリとした断絶は見られません。このような精神風土の違いを生かして「物にも、生きものの時間やデザインを持ち込む」という発想に立った生物や人間と相性の良い技術の体系を、日本から生み出そうと試みるのは、意味のある作業ではないでしょうか。

じつは、このようなことを技術者の集まりでお話しする機会もあるのですが、必ずこんな反応が返ってきます。「より速いほうが良いのだという消費者の価値観が先に変わらなければ、技術は変わりようがないんですよ」

もっともでしょう。製品が売れなければ話になりません。でも、技術が私たちの生活や価値観を大きく規定しているのも事実です。技術もそれなりの責任をとらねばなりません。今までとは違った発想の技術をつくり出す作業を通して、私たちの価値観や生活そのものを見直すという試みは、やはり行うべきだと思っています。

第5章

ヒトの寿命・現代人の寿命

——縄文人の寿命は三〇歳

日本はこれから大変な超高齢社会に入っていきます。少ない若者で多くの高齢者を支えていかねばなりません。支える側は大変です。

支えられる側の高齢者も大きな問題を抱えています。年とともに体が衰えてくるのですから、そんな体をそれなりに健康に保ち、さらに衰えた体を抱えながらも精神的には元気でいるのにはどうしたらよいか等々、解決しなければならない問題が山積みです。

これらの問題は、すぐに何とかしなければなりません。待ったなし。先送りはできないのです。超高齢社会は、今まで人類が経験したことのないものですから、良い解決策を生み出すためにも、いろいろな角度から眺めてみる必要があるでしょう。

そこで本章と次章とで、生物学の立場からこの問題について考えてみようと思います。ここまで論じてきた生物の時間とエネルギーの観点から、高齢化社会を見てみようというわけです。

高齢化社会をもたらした直接の原因は、もちろん人間の寿命が大幅に延びたことにありますので、寿命について、まず考えてみることにしましょう。

長寿は人工的なもの

私たちの寿命は、今や八〇年になりました。この数字が動物学的に見てどのようなものなのかを、はじめに押さえておきましょう。

哺乳類の寿命の式（283ページ・付録３）を使い、体重を六〇キログラムとして寿命を計算すると二六・三年。つまりヒトのサイズの動物は、なんと寿命が二六・三歳なのです。現実には八〇歳だから、これはずいぶんとおかしな数字です。

ここで寿命としているものは、動物園で飼われていた動物のうち、病気や事故でなく、まあ天寿をまっとうしたと思われるものから求めたものです。動物園という特異な環境のものですから、こんなおかしな数字になったのでしょうか？　そうではありません。動物園の動物は、一般に野生のものより長生きします。その長生きのデータと比べても、現代人の寿命は、さらにずっと長いのです。

動物園と野生の状態とでは、寿命が違ってくるのは当然でしょう。野生ならば、ちょっとでも脚《あし》が衰えたら捕食者の餌食になってしまいます。捕食者の場合には老いたら餌を捕らえられなくなります。だから老いた動物は野生ではほとんど見られません。それに引き換え、動物園なら餌は充分もらえるし、捕食者におそわれる心配もなし。檻の中というストレスがあるとはいえ、やはり長生きになるのでしょう。じつは動物なら何でも動物園で飼えるというわけではありません。檻《おり》の中をものすごいストレスだと感じるものは飼育できないのです。だから檻の中でものうのうと暮らせる動物が動物園で長生きしていることになります。

このような動物園という長生きのデータにもとづいた動物の寿命なのですが、それでもわれわれ人間のものと比べるわけにはいかないでしょう。私たち現代人の長寿は、高度な医療技術がつくり出したものです。いくら獣医がいるとはいえ、動物園での医療など、人間に対するものと比べものにもなりません。現代人の寿命と動物の寿命とは、同じ寿命といっても同列に論じられるものではなく、まったく別物と考えるべきです。そしてこれが動物学をもとに高齢化の問題を考える際に、もっとも基本になる事実なのです。

こんな話を動物園の方からうかがったことがあります。ゾウは五〇歳を過ぎると歯がすり減ってきてうまく食べられなくなり、食が細ると体も弱ってきて、そう長くは生きられなくなるそうです。ある動物園では、歯のすっかり抜け落ちたゾウに、毎日野菜ジュースを飲ませてなんとか生き延びさせているそうですが、こんな世話をするのは例外中の例外。歯がなくなれば生命も終わりです。「だからゾウに入歯をすれば、もっと長生きするよ」とのことでした。

こう言われてみると、私たち自身だって同じことでしょう。煮炊きする技術もなく（だから歯はどんどんすり減って）、その上入歯もなかったら、六〇歳を過ぎて何か食べられるものがあるでしょうか？　私たちの寿命は、まさに入歯という人工臓器によって可能になっているのです。歯医者さんに感謝しなければなりませんね。

表5-1　日本人の寿命
江戸時代までは15歳を超えて生きのびたものの平均値。
明治以降は幼児も含めた全員の平均（小林や菱沼より）

			（男）	（女）
縄文時代	31歳	明治24～31年	42.8歳	44.3歳
弥生時代	30	大正15～昭和5	44.8	46.5
古墳時代	31	昭和10～11	46.9	49.6
室町時代	33	昭和22	50.1	54.0
江戸時代	45	昭和25～27	59.6	63.0
		平成22	79.6	86.4

昔の寿命は三〇年

ヒトサイズの動物の平均的な寿命は二六・三年ですが、じつはこれはそれほどおかしな数字ではありません。縄文人の寿命が三一歳だったという研究があります。発掘された骨を調べて求めた値です。この時代は幼児の死亡率がものすごく高いので、それを入れた平均寿命はさらに低くなるのですが、一五歳以上で死んだものの平均をとると寿命は三一歳。動物としてのヒトの寿命はこの程度なのでしょう。

あまりにも短すぎると思われるでしょうが、そうでもありません。満一五歳で元服・髪上げをし、すぐに子供を産み、その子供を元服するまで育て上げると、ちょうど三一歳。これで世代はちゃんと完結できます。

日本人の寿命の変遷をたどってみましょう。表５－１に時代別の寿命を示しておきました。江戸時代までのものは一五歳を超えて生きた人の寿命の平均値、明治以降は幼児も含めた全員の寿命の平均をあげてあります。

なぜ一五歳以上にするかというと、大人の平均寿命を知りたいからです。一五歳になれば生殖活動に参加でき、大人になったものとみなせます。昔は幼児の死亡率が非常に高かったため、それを含めての全員の平均をとると、寿命がものすごく短くなってしまい、大人の寿命が分からなくなるのです。

幼児死亡も含めた平均寿命は縄文時代で一四・六歳、室町時代でも一五・二歳。二〇歳を超したのは江戸時代中期と推定されています。オギャアと生まれたときの平均余命が一〇歳台という時代が、人類の歴史のほとんどを占めてきたのでした。

一五歳以上まで生き延びた大人の平均値で見ても、室町時代までは三〇歳台前半です。寿命で見る限り、平安であれ室町であれ、縄文時代と大差なかったのです。

平安時代、四〇歳まで生きられればめでたいこと。盛大にお祝いをしたようです。

「桜花ちりかひ曇れ老らくのこむといふなる道まがふがに」

という在原業平《ありわらのなりひら》の有名な歌は、堀川大臣の四〇歳の祝いの席で詠まれたものです。

もちろん昔だって長生きした例がなかったわけではありません。でもそれはごく一部の人でした。縄文時代では五〇歳以上の人は大人の七パーセント、六〇歳以上になると一パーセントです。つまり一五歳を過ぎた人のうち、たった一〇〇人に一人しか六〇歳以上まで生き延びられなかったのです。室町時代でも六〇歳を超すのは一〇人に一人程度でした。

人間五〇年から八〇年へ

桶狭間《おけはざま》の戦いにのぞんで織田信長は「敦盛」の一節を舞います。

「人間五十年、下天のうちをくらぶれば夢まぼろしの如くなり。ひとたび生を享け滅せぬ者のあるべきか」

時に信長二七歳。あの当時の二〇歳台の人間が期待できた寿命はせいぜい五〇年だったのですから、妥当な見積もりの舞を舞って出陣したわけです。

この幸若舞《こうわかまい》のもとになった平敦盛《あつもり》が一の谷で熊谷直実《くまがいなおざね》に討たれたのは一六のとき。まだ少年と思うから哀れさがまさるのですが、じつは敦盛はすでに結婚し、子供ももうけていたようです。敦盛の遺児が父の亡霊に出会うという後日譚が能になっています。

私は敦盛に子供があると知ったとき、じつに意外に感じました。自分の子供のことを思って許してやろうとする直実、美しく化粧した稚児のような敦盛。こんなに幼くして、それでもけなげにも武士として死んでいく、可哀想にと、『平家物語』のこの場面には、私はすごく思い入れをもっていたものですから、敦盛は社会的にも生物学的にも、もう立派な大人だったと知って驚いたわけです。現代人の年齢感覚をもとにして昔のものを読んでは、解釈を間違うわけですね。

人間五十年。幼児までも含めて考えれば、ついこの間まで人生は五〇年だったのです（169ページ・表5－1）。それが今や八〇歳。戦後のこの七〇年間で寿命が三〇年も延びてしまいました。

延びた原因は二つあります。一九六〇年代までの寿命の延びは、子供や青年が死ななくなったことによります。一方、七〇年代以降の延びは老人が死ななくなったのが原因です。いずれにせよ、食べる心配もなく、野獣や病原菌に食われる心配もなくなったからこそ、みんながこんなに長生きできるようになりました。

安定した食糧供給、安全で清潔な都市づくり、頼れる医療、これらは莫大なエネルギーを使用することにより成り立っています。エネルギーをふんだんに使っているからこそ、このような長寿社会が可能になっているのです。だからこれを、エネルギーという代価を支払って寿命という時間を買い取っているのだ、と見ることもできるでしょう。私たち現代人の寿命は、決して自然のままの動物としての寿命ではありません。現代文明がエネルギーを使ってつくり出した人工的な寿命なのです。

自己家畜化と自己去勢

人間と同様の現象は動物にも見られます。苦労せずに食物が手に入り野獣にも食われる心配がなくなれば、やはり長生きになるのです。動物園で飼っている動物は長生きですし、それがもっと顕著に見られるのは家畜やペットです。家畜は大変に長生きなのです。人間に守られていて危険に面することもなく、餌をふんだんにもらう生活を続けていれば、のんびりと長生きする家系になってしまうのは納得できることです。

口の悪い人は、人間は自分自身を家畜にしてしまったのだと言っています。自己家畜化して長生きしているのが現代人。野生生活と家畜の暮らしと、はたしてどちらが幸せなのでしょうか？

家畜は長生きなのですが、その家畜をさらに長生きにする方法があります。去勢です。たとえばハツカネズミは実験用の動物として家畜化されたもので、寿命や老化の実験によく使われますが、去勢すると寿命が一・五倍にも延びるという報告がありま す。農家で飼われている家畜についても、去勢すると長生きになることが経験的に知られています。子供をつくるということは、身をすり減らす大仕事ですから、寿命が縮むのも当然。子供を産まなければその分、長生きになるのでしょう。

この頃、少子化が進んでいます。子供を産まなくなったことも、私たちが長生きになったことと関係があるのかもしれません。これも口の悪い言い方をすれば、自分自身で去勢して長寿を楽しんでいるのだということになるのでしょうか。

人間はもっとも長寿の恒温動物

原因はいろいろあるでしょうが、現代日本人は寿命が八〇歳にもなってしまいました。では哺乳類の寿命の式から、八〇年の寿命をもつ動物はどのくらいの体重なのかを計算してみましょう。答えは一五・六トン。ギネスブックにのっている最大のアフリカゾウが一二トンですから、現在生きている陸上の哺乳類にはこんな大きなものはいません。また八〇年も長生きする陸上哺乳類もいないのです。ちなみにクジラは五〇〜七〇年の寿命と言われています。

長生きの象徴であるツルも、同じ恒温動物ということで寿命を見ておきましょう。種類によって四〇年とか六〇年という数字があげられています。ギネスブックにのっているちょっとあやしい記録だと、最長の寿命を示したという個体で八〇年ほどです。これは鳥のうちでももっとも長生きの記録に属するものです。ということは平均寿命が八〇歳、最長寿命が一二〇歳という現代日本人は、鳥と哺乳類を含めた全恒温動物の中で、もっとも長寿の動物になったのです。

もう一つの長寿の象徴であるカメは変温動物ですから、恒温動物である私たちの寿命と直接の比較はできないのですが、脊椎動物の最長記録は、やはりカメがもっています。ゾウガメが一五〇年以上生きたという記録があります。

激しく使えば早くガタがくる

そもそもなぜ寿命などというものがあるのでしょうか？　これは大問題なのですが、ここではごく単純に考えてしまいましょう。物というものは使っていればガタがきます。これは生物でも同じことでしょう。長年使っていればすり減ってガタがきてしまいます。ある程度ガタがきたら、直して使うよりは新品に取り替えたほうが結局は経済的。そこでガタのきた個体を捨てる。これが個体の死であり、捨てるまでの時間が寿命になります。

長く使っていて調子が悪くなったものは、捨てて新しくしたほうが得だというのは、私たちの生活感覚からいって納得できることでしょう。しょっちゅう激しく使うものほど早くガタがくるのも当然。ネズミのようにエネルギーをたくさん使って代謝時間の速いものほど激しく働いているわけですから、早く寿命が来るのだろうと、ごく単純に本書では考えてきました。

このような考えに立てば、使わなければ寿命は延びるはずですね。実例がありますす。冬眠する動物です。冬眠中は体温が下がって代謝速度はゆっくりになりますが、その間はすり減り方は少ないでしょうから、その分だけ長生きになると期待できます。たしかにヤマネのように冬眠するものは、同じサイズの冬眠しないものよりも長生きなのです。冬眠中の時間はほとんど止まっていて、その分だけ長生きになるのだと解釈できます。コウモリも同じサイズの他の哺乳類より長生きなのですが、コウモリの場合は冬眠ではなく、毎日昼の間に洞窟の中で逆さにぶら下がっているときに、体温を下げて休んでいます。コウモリの昼は時間がゆっくりになっていて、その分、長生きになると見ることができるかもしれません。

なまけると長生きになるナマケモノ

ナマケモノという動物がいます。中米や南米のジャングルに棲んでいる哺乳類です。数十メートルもある高い木の先っぽに近い枝に、逆さにじーっとぶら下がっていて、ほとんど動きません。昼間は眠っており、夜にちょっとだけ起きてまわりの葉を食べ、また寝ます。ほんとうに動きの少ない動物です。毛は茶色がかった灰色なのですが、あまりに動かないからでしょうか、体に藻が生えてきて緑色の体色になります。

ナマケモノは大変に動きがにぶいのですが、じつは何でもがゆっくりなのです。呼吸もゆっくり、心臓の動きもゆっくり、神経の伝導速度まで遅いと言われています。

エネルギーもゆっくりとしか使いません。

こんなトロい動物ですので、ジャガーやオセロットのような大形のネコに捕まれば食われてしまいます。でも緑の迷彩服を着て息もあまりせずに、まさに練達の忍者みたいに高い木の梢にじっと動かずにいるのですから、ほとんど見つかることはないようなのです。また、動き回らないから立派な筋肉をもつ必要はなく、そのぶん体を軽くでき、細い枝の先でもぶら下がれます。ネコたちもそんな木の先まで上ってはこれません。安心です。

ナマケモノは哺乳類の仲間ですが、体温が二四〜三三度とかなり低く、同じサイズの他の哺乳類に比べてエネルギーをあまり使いません。すべてのペースがゆっくりなのです。体重が九キロほど。このくらいのサイズの哺乳類なら寿命は一四年と見積もれるのですが、ナマケモノはずっと長生きで、四〇年以上生きるものもあるようです。

ナマケモノがこのようにゆったりした生活ができるのは、腸の中に食べた葉を消化する細菌を共生させているからです。この細菌の働きにより葉を無駄なく消化します。熱帯のジャングルですから、葉は手近にいくらでもあります。あくせく動いて餌を探し回る必要はありません。こうしてゆったりと「なまけて」暮らしていれば、長生きできるというわけです。

ナマケモノのうた

本川達雄

一、ぼくの名前は　ナマケモノ
じっとさかさに　ぶらさがり
あんまり動かぬ　ものだから
体にコケが　はえてきて
森の緑の　色になる

二、ぼくの名前は　ナマケモノ
一八時間　ねむるんだ
おなかがすいたら　手をのばし
まわりの葉っぱを　ちょっとつまむ
平和な森の　動物さ

三、なまけてなんかは　いないんだよ
ぼくらの時間は　ちがうのさ
おんなじくらいの　大きさの
動物たちと　比べれば
ゆっくりのんびり　ナマケモノ

四、心臓ゆっくり　肺ゆっくり
酸素もゆっくり　使うんだ
神経伝わる　情報も
時間がかかって　運ばれる
だけどぼくらは　長生きさ

五、心臓ゆっくり　肺ゆっくり
じっと動かず　そのままに
そっと自然に　とけこめば
こわいジャガーやオセロット
なにも気づかず　ゆきすぎる

六、おなかもそんなに　すかないし
食べるものだって　そばにある
いつも緑の　ジャングルさ
あくせくしなくて　生きられる
ぼくの名前は　ナマケモノ

老化学説

寿命がどのような生理機構で決まっているのか、老化のメカニズムとはどんなものなのかは、今さかんに研究されています。老化から死へ至るメカニズムとして、「すり切れ説」「エラー蓄積説」「プログラムされた死亡説」などが提出されています。

働いていれば、そのうちにすり切れてきて死ぬ、というのがすり切れ説。単純明快な考え方です。ただし「すり切れる」というのは比喩的な言い方です。直接物理的にすり切れる場合だけではなく、体内で発生するフリーラジカルのような有害な物質によって異常になったタンパク質が、年とともに体内にたまってきて死に至るというような、いわば化学的に「すり切れる」のも、この説には含まれます。

エラー説やプログラム説は遺伝子に注目します。

体は宇宙線や紫外線、地面からの放射線などにさらされ続けるわけですから、長い間には遺伝子にも傷がついてしまいます。また遺伝子を複製する際にも間違いが起こります。そんなこんなで年を経るに従い、おかしな遺伝子がたまってきて、それをもとに異常な物質がつくられて体内にたまったり、おかしな細胞が出現したりもしてくるでしょう。遺伝子の間違い（エラー）が蓄積して死に至るのだというのがエラー蓄積説です。

プログラム説とは、死があらかじめ個体の中にプログラムされている、すなわち

「ある時になったら死ね！」という指令が遺伝子の中に最初から書き込まれていると する説です。時限爆弾が仕掛けられていて、ある年になると爆発して自ら死ぬように できているのだという考えです。

以上、いろいろと説はあるのですが、いずれも広い意味でのすり切れ説に入れてか まわないでしょう。エラー説は長年働いていればおかしくなるよ、というものですか ら、広い意味でのすり切れ説とみなせます。一方プログラム説は受動的に死を迎える のではなく、積極的に自ら死を選ぶというものですから、ずいぶんと違うメカニズム だと感じられるでしょうが、そもそも自爆する理由は「そんな古くなったものは効率 が悪いのだから、まだ使おうと思えば使えるとしても、ダラダラ使うのはやめて思い 切りよく捨てよう」ということでしょう。つまりサバサバしているかどうかの違いだ けです。結局どのメカニズムであっても「体は使っていればすり切れて壊れてくるも の。ガタがひどくなったら捨てて新しくしたほうがいい」という発想が、老化にもと づく死の基本になっていると思われます。

生殖活動が終われば死んだほうがいい？

ではどのへんで古い体に見切りをつけることになるのでしょうか。生物の目的は、 自分と同じものをなるべくたくさんつくって残すこと、「産めよ増えよ地に満ちよ」

ですから、少なくとも次世代をつくる前に死んでしまうわけにはいきません。また、ガタがきても困ります。寿命が初産の時期より短いということはあり得ません。

では生殖活動に参加できるようになったとして、どこまで生き続けたらいいかが問題になります。生殖活動を続けていれば、次世代の生産に直接関わっているわけですから、これぞ生きる目的そのもの。あえて死ぬ必要はありません。では、生殖活動が終了したら、その先はどうなのでしょうか？

生殖活動を終えてしまったものが、そのまま生き続けているのは考えものです。理由は明白でしょう。資源が限られているからです。動物は食べなければ生きていけませんが、食物の量は限られています。生殖活動の終わった親が子供たちと餌の奪い合いをすれば、子供の栄養状態は悪くなり、元気な孫をたくさん産むわけにはいかなくなるでしょう。

奪うのは食物だけではありません。生きていくうえでの必需品といえば人間の場合「衣食住」ですが、動物では食と住。住むのに適した場所も、もちろん限られています。これら限られた資源を利用するに当たって、未来につながらない年寄りが資源を横取りすると、横取りした本人の子孫が少なくなり、自己の遺伝子を残せなくなってしまいます。長生きするものは自分自身の子孫の数を減らすことになるのです。もちろん年老いたらよそへ行って、自分の子供には迷惑をかけないようにする手もあるのですが、それにしても年寄りが長生きする積極的な意味は、生物学的には見いだせません（生物学的意味とは、自分の子孫を増やすのに役立つということです）。

子供をつくるということは、生物が行っている作業のうちでもっとも難しいものだと思われます。将来のすべてが受精卵という小さな一個の細胞に凝縮されているのです。ほんのちょっとした間違いも許されません。間違いのない立派なものをつくれるだけの体力を得るには、それなりの時間が必要でしょう。だから大人になるまでに時間がかかるのです。そしてもちろん体がすり減ってきてからではいいものはつくれません。子供の出来が悪ければ、その子は生き残れないのですから、そんなものをつくるよりはつくるのをやめたほうが資源の経済になります。だから体がある程度すり減ってきたら生殖活動は終わりにし、生殖活動が終わったら生きていてもしょうがない、と考えれば、寿命は、せいぜい長くて生殖活動の終わりまでということになります。

生殖活動を終えてそのまま死を迎えるという生きものはたくさんいます。サケは生まれ故郷の川に長い旅をして帰ってきて産卵し、全精力を使い果たして死んでいきます。これはまことに明快な寿命の迎え方です。

ある種のタコでは、母親は産卵後一切餌をとらず保育に専念し、そのまま死んでいきます。この行動はホルモンの働きで起こるのですが、ホルモンが働かないようにしてやると、母親は子供は産みっぱなしのまま世話をせず、食事もちゃんととって生き延びます。タコの母親は、まさに命を縮めて子育てをしているのですね。

哺乳類の場合は乳で子供を育てますから、子育て期間も生殖活動に含めて考える必要があります。また、出産も一生に一回というわけではありません。哺乳類の寿命は初産の年齢の五〜一五倍程度と言われています。

それにしても五〜一五倍とは、ずいぶんと幅がありますね。もちろん寿命というものは計るのが難しいものですから、それがこのようなばらつきの一因ではあるのですが、それだけではないようです。

寿命はピッタリここまでとは決まっていない

食糧不足などにより、その年は子供を産めないかもしれません。またペアになる相手をたまたまその年は見つけそこなうかもしれません。多くの哺乳類では繁殖シーズンが限られていますから、その年がだめなら次の年になってしまいます。そんな事情も考慮して、子供を産めるようになる年齢の何倍かが寿命となるように、寿命が設定されていると考えてみましょう。これは安全係数の考え方です。実際に必要なものの数倍の安全を見込んでおくわけです。もし寿命がこういう性質のものならば、ピッタリ何年と、ものすごく正確に決めておく必要はないものでしょう。

哺乳類の寿命がピッタリここまで、と決まっている必要がないと考える理由は他にもあります。野生の状態では年老いた動物を見かけることはほとんどありません。動物園で達成される寿命にまで、野生で長生きすることはほとんどないのです。野生とは厳しいものです。食う食われるはぎりぎりの力関係で成り立っています。ちょっとでも脚力が衰えれば食われてしまいますし、捕食者ならば獲物を捕らえられなくなり飢えて死ぬしかありません。老化して閉経を迎え、さらに死に至る期間など、自然状態では見られないものなのです。厳しい自然の中で生きるとは、厳しい自然選択を受けているということ。より良いものが選択されて残るのであって、いいかげんに何でもかんでも生き残るわけではありません。

老いの期間は自然には見られないものです。つまりこの期間は自然選択を受けていないのです。だからこの間に起こることは、自然によって厳しく鍛え抜かれてできあがったものではありません。私たちが成長して子供を産むまでのタイムスケジュールは、環境に適応してもっとも適切なものにきちっと決まっているのですが、老いから死へのタイムスケジュールは、いいかげんであっても、まったく問題にならないのです。だから飼われている動物の寿命という自然状態では見られない時間が、個体によっても種類によっても、ずいぶんとばらばらでも不思議はないと私は思っています。

では、最長の寿命、つまりどんなに良い条件にしても、これ以上は生きられないという上限の寿命はあるのでしょうか？　これは動物にとって、ほとんど意味をもたない問いなのですが、人類の場合には、そうでもないような状況になってきました。人間の最長の寿命は一二〇歳あたりと言われており、これを延ばせるかどうか、今、さかんに研究されています。答えはまだ出ていません。私は動物は植物と違って、そうそう寿命を延ばすことはできないだろうと思っていますが……（次章参照）。

機械設計のうえからは、すべての部品が同時に壊れておしまいになるのが、もっとも無駄のない設計です。ある部品だけ頑丈にできていても、他が早く壊れてしまえば、短い寿命の部品が全体の寿命を決めることになり、頑丈に作った分は無駄になってしまいます。だから動物においても、心臓も肺も脳も、すべてが同時に壊れて死ぬようだともっとも無駄のない設計なのですが、現実にはそうはいきません。ピタッと全部の部品が同時に寿命を迎えるように作るなどということは不可能なのです。物を作れば、必ずなにがしかの欠陥が伴います。欠陥を含まぬ製品などありません。いくつかある欠陥のうち、どれが原因となり、いつ壊れるかには偶然が関与しており、予測がつきません。もちろんすぐに壊れてしまうほど大きな欠陥があれば成り立ちませんから、最低限ある耐用年数までは壊れないようにどの部品も作りますが、それ以降は、責任はもてません。すべての部品がある決まった時点までもつのが理想ですが、そんな確率はごく低く、現実には小さな欠陥が原因となり、どれかが壊れて全体が働かなくなり寿命となります。いつ寿命になるかは、欠陥と偶然とによりますから、その製品一個一個で違ってくるでしょう。

これを人間に当てはめてみましょう。老化が始まるまではみな元気につくられていますが、その先いつ死ぬか、死因は何かは、「製品」のつくりの良し悪しと偶然が支配します。ごくまれには、つくりの良さと幸運とが重なって、理想的な状態でのみ到達できる一二〇歳という限界近くまで生きることができる、ということでしょうか。

老いという煉獄《れんごく》

人間の場合、老化は四〇歳あたりから起こると言われています。髪の毛が薄くなる、老眼になる、閉経が起こる、これらはみな四〇歳代に起こることです。閉経が起こるわけですから、そのあと、つまり五〇歳以後は次世代を生産することには直接は関係ない時間です。

もちろんヒトは長い子育て期間がありますから、サケのように閉経になったらすぐに死んだほうがいいというものではありませんが、それでも二〇歳で子供を産んで五〇歳まで生きれば、子育てを終え、子育てのノウハウもしっかりと伝えて、次の世代に完全にバトンタッチできます。だから、戦後に五〇歳から八〇歳へと寿命が延びた、その延びた分の三〇年は、生殖活動をすでに終えた期間とみなせるでしょう。もちろんこの部分は自然選択にかかってこない部分です。

この期間は生物学的にいろいろと問題の多いところです。長いこと使っていれば体にガタがくるのは当然で、そのようなガタのきた体を抱えて生きていかねばなりません。これは大変なことです。

ガタはすり減ったりエラーがたまったりが原因で生じるだけではありません。そもそもこの期間は自然状態では見られないものなのですから、この期間に体が正常に働くように、遺伝子に情報がちゃんと書き込まれているという保証はないのです。

突然変異でこんな遺伝子ができたとしましょう。若いときには体を丈夫にするように働くが、年をとってからはガンを起こすように働く。そんな遺伝子が出現したら、これはヒトの間に広がっていくでしょう。体が丈夫で、その結果、子供をたくさんつくれる都合のいい遺伝子だからです。たとえ老人ではガンになるという短所があっても、昔はそこまで長生きはしなかったのですから、まったく不都合は生じませんでした。

こんな遺伝子を私たちはたくさんもっている可能性があります。とすると、いわば若いときの楽しみのツケを、老後の人生で払わされていることになるわけです。ただでさえすり切れてガタがきているというのに、さらにこういうガタが加わってきます。ガタガタの人生が老後の人生ということになるのでしょう。

こういう状況ですから、いくら医療が進歩するといっても、寿命がやたらと延びるものではなさそうです。三大成人病であるガン、心疾患、脳卒中、これに糖尿病を加えたものがすべて撲滅されたとしても、平均寿命は九〇歳程度にしかならないという試算があります。ガンで死にゆくとき「ああガンが治るものだったら……」と誰しも無念に思うでしょうが、たとえ治ったにせよ、その後そう長くは生きられるものでもないのです。

だからといって少しでも長生きしたいというのが人情。ほんの少しでも早く死ぬのは無念には違いないのですが、こんな試算の結果を知れば、無念さも少しは和らぐかもしれないなぁと、私は思うのですけれど……。

クールに考えれば、ガンや生活習慣病（以前成人病と呼ばれていたもの）になることと自体は正常なこと。年をとってもピンピンしているほうが異常と言ってもいいわけです。私たちは病気を異常事態ととらえていますが、老いてはガタがくるのが自然。成人病とはガタ以外の何ものでもないのですから、成人病にかかるのは、いたって正常なこととなのです。生活習慣に気をつければガタの来るのをゆっくりにはできるでしょうが、やはり来るものは来ます。

だから成人病にかかったからといって「とんでもないことになってしまった！」と

悔しがることはないはずなのですが、いざ自分のこととなると、そんなふうにクールに構えておれないところが、やはり人情なんですねぇ……。

昔はほとんどの人が老いる前に死んでいったのです。五〇歳程度で死を迎えたとしても、その人の意識の中には、自分よりずっと若くして死んでいった兄弟友人の面影がたくさん浮かんできたはずです。だから自分は早く死んで損をしているという意識はあまりなかったに違いありません。昔の老人には、みんなより長く生きられてありがたいと感謝して死ねる条件があったのです。ところが今ではまわりみんなが長生きなのですから、五〇歳で死ぬなんてとんでもない、八〇歳になって平均寿命で死ぬにしたって、まわりに自分より長生きしている人がけっこういるのです。「もっと生きられるはずなのに……」と感じてしまうことでしょう。

現代では老人の多くが、自分は早死にして損をしたという恨みをのんで死んでいく事態になっているのではないでしょうか。これは幸せな死に方とは言えません。さらに悪いことには、寿命というものは必ずここまでとは定まっておらず、たまたま致命的なガタがくれば死ぬという、くじ引き的な要素があるわけです。だからいつくじに当たるかという不安と恐怖に老人はたえずさらされていることになります。ロシア式ルーレットをやっているようなものです。老後の人生とは、ガタがきた体を抱えながら死の影におびえ続ける長い不安な旅なのです。長生きになってみんなが幸せになったのだと手放しで喜べるものでもありません。

昔は若い人たちが恨みをのんで死んでいきました。それが今では年寄りが早死にだと恨みをのんで死んでいくのです。だからおあいこでいいじゃないかということにもなりますが、老人の死ということに限って見れば、昔と今とでは大きく様変わりし、長生きする分、今や老人は不幸になったという見方もできるでしょう。

昔はほとんどの人が老いを感じることなく、サッと天国なり地獄に旅立てました。ところが現代では死ぬ前に老いという煉獄が待っています。若いときにグルメで飽食すれば糖尿病の煉獄、タバコをすえば肺ガンの煉獄、車社会を楽しめば足が弱って排気ガスで神経もやられて車椅子に縛り付けられた車輪煉獄。そんな状態にあっても他の人より早く死んでは損だと、時間の欲に縛り付けられて何とか長生きしようとする時間煉獄。このような煉獄を通り抜けてはじめて天国や地獄に旅立てるのが現代なのでしょう。

老人は起きていても半分寝ている？

延びた分の老いの時間が、若いときのものと違ってガタガタだという話をしました。さらに老いの時間はスカンスカンだという話をしましょう。

前章で代謝時間という考えを提出しました。エネルギー消費量の多いものほど時間が速いのだとするものです。こう考えると、老人の時間は子供の時間の二・五倍ほどゆっくりだということになりました。

孫と一緒にひと月夏休みをとったとしましょう。同じひと月でも孫の時間は二・五倍密度が高いわけですから、二・五カ月分ほどの長い夏休みに感じてしまうだろうという計算になります。これは私たちの実感に、よく合っているようですね。年をとれば月日は早くたっていくものです。まあ言ってみれば、老人の時間はかなりスカンスカンなのだということになるのでしょう。子供の時間はネズミの時間に、老人はゾウにたとえることができそうです。

老人の時間に関してはっきりと異なる点は睡眠時間です。老人は大変に早起き。年をとるに従い睡眠時間が少なくても済むようになります。生まれたばかりの赤ん坊は、一六時間も眠るのですが、年とともに睡眠時間は減り、七〇歳を過ぎると六時間を下回ります（図5－1）。

なぜ老人は睡眠時間が少ないのでしょう？　それは、そもそもなぜ眠りというものがあるのかという根本的な問いに関わる問題であり、私たちはまだ正解を知らないのですが、ここでは本書のやり方に従い、動物のサイズという視点から考えてみることにしましょう。

図5－2を見て下さい。これは哺乳類の体重と睡眠時間の関係のグラフです。大き

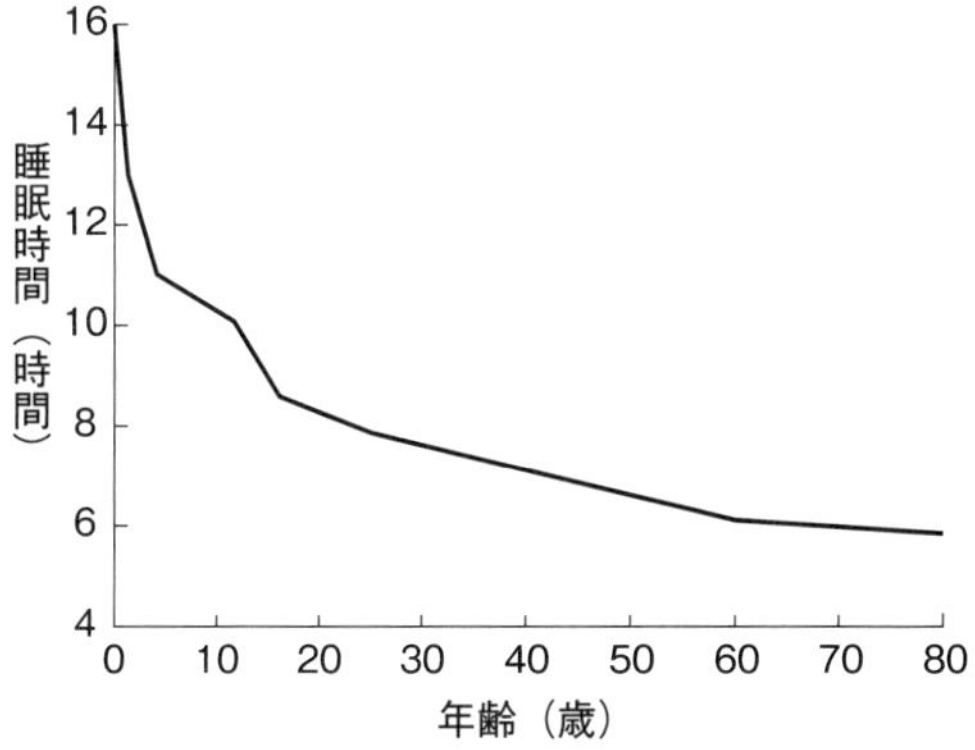

図5-1　睡眠時間と年齢　年齢とともに睡眠時間は短くなる

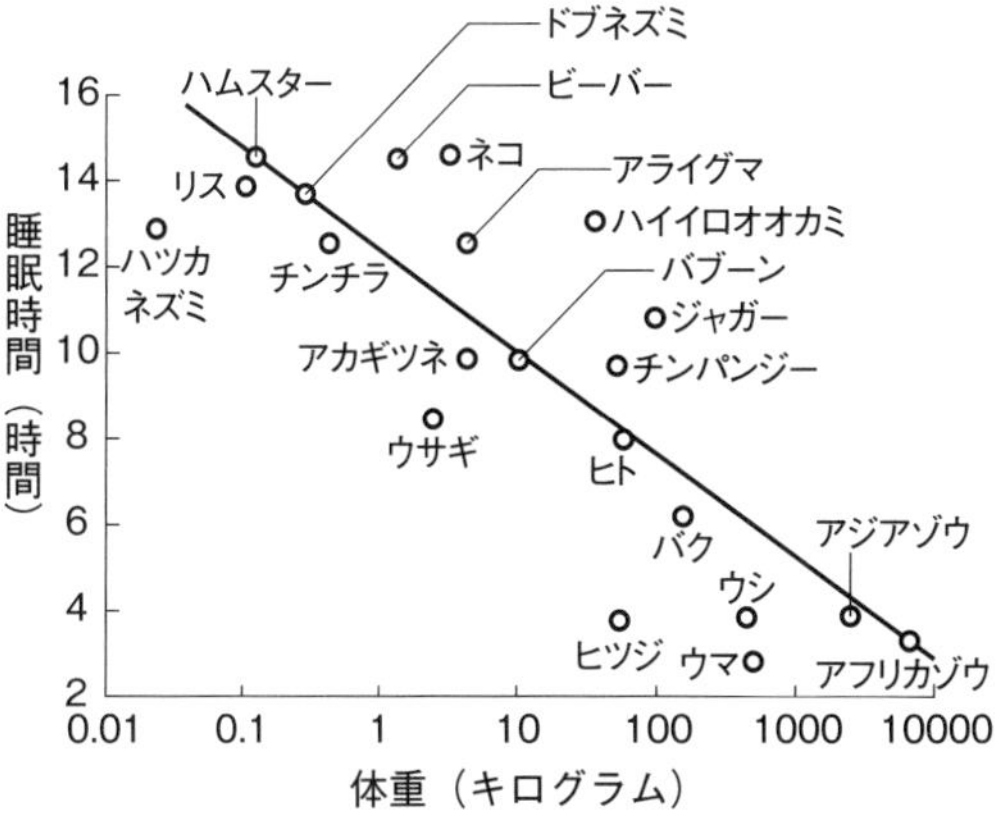

図5-2　動物の睡眠時間　体の大きいものほど睡眠時間が短い傾向がある

い動物ほど睡眠時間が少ない傾向があるのが見てとれますね。ゾウなど三～四時間しか眠りません。一方ネズミは一三時間も眠ります。サイズの小さいものほど体重あたりのエネルギー消費量が大きかったことを思い出して下さい。エネルギーを使うものほどたくさん眠ることになるのです。エネルギー消費量と睡眠時間との関係を直接調べてみると、たしかに有為な相関関係が成り立ちます。

なぜ眠るのかという説の中でもっとも分かりやすいのは、疲れをいやすために眠るというものです。この説に従えば、ネズミのようにエネルギーをたくさん使って短い間にいろいろなことをやるものほど、疲れてクタクタになるでしょう。たくさん眠らないとやっていけないことになります。

ここでの「疲れ」は広い意味に使っています。活発に働けば壊れる部分も出てきますから、それを修理するのも「疲れをとる」ことに入れられるでしょう。たとえば神経が活発に働いたときには、活性酸素のような有害物質が発生し、細胞が傷ついてしまいます。そこを治し、毒物を無害なものに変え、「疲れ」をとります。「疲れをとるために眠るのだ」――これは分かりやすく、とても納得のいく説明です。

眠っている間に、起きているときに入ってきた情報を処理しているのだという説もあります。この説でも小さいものほどよく眠ることが説明できます。小さい動物はエネルギーをたくさん使い、より活発に働くのですから、短い時間にたくさんの情報が入ってくるでしょう。それを脳内で処理するためには長い睡眠をとる必要があります。

いずれの説をとるにしても、エネルギーを少ししか使わないものは、あまり眠らなくてもやっていけそうです。結局、ゾウなど起きていても活動度は低いわけですから、起きている状態と眠っている状態の違いはあまりなく、だからこそ眠らなくても済むのでしょう。目覚めている時間も半分は眠っているようなものだと言えるかもしれません。

エネルギーを使わなければ眠らなくても済むという関係は、老人と子供の間にもそっくり当てはまります。老人の時間もゾウと同じで、目覚めていても半分は眠ったようなもの、ということになるのかもしれませんね。

こんな言い方は御老人には大変失礼でしょう。それにフェアでもありません。たとえ起きている時間はスカンスカンだったとしても、長い間起きているのですから、一日に起きている間に使う全部のエネルギー量を合わせれば、それは子供と違いはない、だから仕事量も変わらないはずだという議論もできるでしょう。ところが実際に計算してみると、起きている間の総エネルギー使用量（体重あたり）で見ても、子供は老人の二・三倍もあるのです。睡眠も含めた一日で比べると二・五倍でしたから、あまり違わない結果になりました。

もうちょっと計算してみましょう。今までは丸一日を平均してどのくらいエネルギーを使うかで代謝時間を比べていました。意識できる時間について考えるならば、起きているそのときのエネルギー消費量を、直接比べる必要もあるでしょう。すると六歳の子供は八〇歳の老人の三・一倍。一日平均よりも、さらに違いが大きくなります。だから代謝時間の速さも、もっと大きく違ってきます。

こうやってみると、どんな計算の仕方をしても、老人のほうが子供に比べてエネルギー消費量が1/2〜1/3であり、時間は二〜三倍ゆっくりだということになってしまいます。

老人の時間がこのようなものであれば、年をとればとるほど社会の進みに追いつきにくくなるでしょう。たしかに社会のテンポが速すぎると感じる割合が、老人では高いという調査結果があります（156ページ・図4−4）。

これらの結果から考えて、老人の時間は若者のものとは、かなり異なるのだと結論できます。ガタガタの体、スカンスカンの時間。こういうものと付き合いながら生きていくのが老いの期間だとすれば、それなりの覚悟をもって臨まねばならないでしょう。いつまでも若くはないのだというけじめが必要です。そしてこのような期間を幸せに過ごすには、かなりの知恵をもたねばなりません。高齢化社会は前代未聞の事態なのですから、発想の転換も必要になります。

そこで次章では、老いの時間をどう過ごしたらよいのかを、生物学の立場を踏まえて考えてみることにします。

第6章

老いを生きるヒント——意味のある時間は次世代のために働くことによって生まれる

前章では、長寿がそれほどめでたいものでもないことを強調する意味で、かなりいやらしく、老いの時間はガタガタでスカンスカンで、困ったものだというふうに書いておきました。お気に障った方も多いかもしれません。現実には老人はけっこう元気ですから、それほど悲観的に考える必要もないものでしょう。

あのような書き方をしたのには、もちろん理由があります。根底にあるのは、高齢化社会を生み出すに至った私たち現代人の生き方・考え方が、これで良いのかという疑問です。この点については、時間やエネルギーの使い方に関して、すでにいろいろと述べてきました。

ついに超高齢社会になってしまったというのに、世の中あまりにノホホンとしているのではないかと、私は少々心配しているのです。このままいけば、保険だって、国の財政だって破綻しますし、地球そのものだって破綻しかねません。エネルギーを湯水のごとく使い、資源を枯渇させ、環境汚染を深刻にするのと引き替えに長寿になっているとも言える事態なのです。「長生き万歳！」という世の風潮に、少しは水をさす人がいなければなりません。だからこそ、あのようにいやらしく書いたのです。

では「長生き万歳」と言わないとするならば、いったいどのような態度で高齢化の問題に取り組めばいいのでしょう。老いの時間をどう過ごしていったらよいのでしょうか？　この大問題をこれから考えていきましょう。じつはそんなに良い知恵などないという、にべもない話から始めることにします。

高齢化社会の生き方を教えてくれるものはない

人類の出現以来数百万年をかけて、人生いかに生くべきかの知恵を私たちは蓄えてきました。その長い歴史において、寿命は三〇年からせいぜい五〇年だったのです。ところがあっという間に人生が三〇年も延びてしまいました。延びた部分は老いの期間であり、昔は見られなかったものです。もちろん昔も長生きの人がいなかったわけではないのですが、それはほんの例外でした。現在ではみなが長生きし、社会のかなりの部分がヨタヨタと生きている人で占められるようになったのです。これは人類にとって未経験の事態。対処の仕方を、いにしえの賢人から学ぼうにも学べないのです。

この間あるお坊さんがこんなことを言っていました。お釈迦様は年をとってからお亡くなりになった。キリストは若くして死んだ。だから老いの生き方を教えてもらうとするならば、それはお釈迦様からだろう。高齢化社会の宗教は仏教なのだ、という主旨でした。さすがお坊様はうまいことを言う、と感心させられたのですが、これはやはり「己が仏尊し」の類でしょう。釈迦も孔子も長命だったのは確かですが、彼らの話に聞き入った人たちのほとんどは四十前に死んでいったのです。彼らのメッセージはそういう背景の下に読む必要があるものでしょう。もちろん死に対する態度は既存の宗教から多くを学ぶことができます。でもほとんどの人間がガタガタの体を抱えながら長い道のりを歩くなどというのは前代未聞の事態です。このような事態に直面して、既存の宗教や倫理を、そのまま指針として使うわけにもいかないでしょう。いにしえの賢人の知恵に、そうそうは頼れません。

もちろん新しい賢人に聞けば良いのですが、そんな人がすぐに出てくることは期待できません。釈迦も孔子もキリストも、何千年に一人という人物です。たった近々七〇年の間に生まれ出る確率など、ほとんどないでしょう。

さあ困った！　どうやって生きていったらいいのか、指針もなく、いわば迷いながら地図のない長い道を歩いて行かねばならないのです。われわれは、じつに不幸な時代に生まれてきたとも言えるでしょう。そしてその原因をたどれば、どうやって生きるかを教えもせずに、ただ寿命を延ばせるだけ延ばしてきた医学があるわけで、医学とはじつに残酷で非人道的なものだということにもなります。

だからといって、とりわけ医学を非難するつもりはありません。これは医学に限らず科学というものの特徴です。科学は善悪や幸不幸というような、価値に関することに関わろうとはしないものです。事実は提出する。その事実をどう使うかは人間の判断することであり、科学は関知しないというのが、正統な科学の考え方です。

寿命は延ばす。それをどう使うかは人間の自由。核エネルギーは使えるようにする。それで原爆をつくるかどうかは人間の自由。つくるかつくらないかの自由が増えたのだから良いではないですか、と科学者は胸を張るでしょう。

「寿命が延びて自由度が増えたからいいじゃないですか。長生きしたくない人はさっさと自分で死ねばいい。不幸で長生きしているのは当人の勝手であって、医者の責任ではありません」ということになります。

科学とはこんな調子のものですから、幸せに生きる生き方など、教えてくれることは期待できません。この指針のない時代にあって、科学もそれを与えてはくれないのです。

サバサバした倫理

既存の宗教や倫理、そして科学には頼れないだろうということを書いたついでに、すごく不謹慎なことを書いてしまいましょう。

「親には孝」というのは、世界中どこへ行っても、どの時代にも守るべき基本的な倫理だと教えられてきました。子にしてみれば、親は自分を産んでくれたもの、教え導いてくれるものですから、当然、敬い、言うことを聞かねばなりません。親はずっと多くの経験を積んでいます。従うことにより子の生き残る確率が高まります。生物学的に見ても、親を敬うのは意味のあること、実益のあることです。

人生五〇年時代ならそうだったのですが、事態は大きく変わりました。今や子供である私が自分の子を育て上げてしまった後でも、まだ自分の親は生きているのです。ボケかかって判断力も落ち、身の回りの始末もできなくなった親を養っても、実益などはありません。負担ばかりになってきます。それでも養い、尊敬までしなければならないのでしょうか？　生物学的には、五〇歳以降の生は意味がないものです。そんな親を大事にする生物学的根拠はありません。

無理無体を言う親や姑にハーッと頭を下げ続けるのが人倫というものでした。でもそれには実益がともなっていたのです。いやでもそれに耐えられるように私たちの体は、たぶんできているのでしょう。そうでなければ、これだけ広くいろいろな地域で「親には孝」「汝の父母を敬え」が墨守されることはなかったと思われます。

でも耐え続けられるのはせいぜい五〇歳まで、というふうに体ができている可能性だってあるのです。今までは人生五〇年。親に死ぬまで孝行を尽くしたって、自分はせいぜい三〇歳です。だから問題はなかったのですが、親が八〇年も生きるようになると、そこまでは付き合いきれないなと子が思うようになっても、一向におかしくないかもしれません。子のほうにも老化が始まります。自分の体だって言うことをきかないのに、さらに親の面倒まで見ろと言われても、そうそうは孝行できるものでもないでしょう。幸いにして体のガタがまだ目立たず、自分は丈夫だったとしても、目の上に親という大きなたんこぶが、こんなに長い間居座っていれば、嫌気がさしてきて当然です。不孝者！　と責めるわけにもいかない気がします。

　こういう事態を踏まえれば、今までの道徳や倫理をそのまま墨守せよ！　と命令するのは酷な話にも思えてきます。親孝行はせいぜい子が五〇歳になるまで。その後は親といえども子に対して孝行を強要することはできないし、子も孝行しなくても心が痛まない、というようなサバサバした倫理をつくり上げないと、親も不満、子も不満という高齢化社会になってしまう気がします。

　夫婦の関係にも同じような問題の立て方ができます。生物学的には、子供をつくって育てるという目的があって夫婦になるのですから、子育てが終わったら、夫婦でい続ける意味はなくなります。昔は意味がなくなるあたりで死んでいたから問題は起こらなかったのですが、今では意味がなくなってから後の期間のほうがかえって長いくらいになってしまいました。一夫一婦制というものもそれなりに生物学的意味があり、そういう基礎があるからこそ、この倫理が普遍的に守られてきたと思われます。だから生物学的意味づけを失った以降の夫婦には、夫婦であることに対して新たな意味を見つける必要があるはずです。

　ここでまた大変に不謹慎なことを言っちゃいましょう。同じ相手といて飽きがこないのはせいぜい三〇年、というように体はできているのかもしれません。結婚してから五〇年以上生きることなど、ヒトの体は予想してつくられてはいないのです。だから、そんなにも長く一緒にいたら飽きがきて当然、という考えも成り立つでしょう。もしそうなら「神結びたまうもの、人解くべからず」といって、いつまでもむりやり結びつけておくのはずいぶんと残酷なことです。だからここでも「子育て済んだら別の人生」と考えるサバサバした倫理が必要になるのかもしれません。

こらえ性の遺伝子？

さてここで、私たちがこんな遺伝子をもっていると仮定してみましょう。その遺伝子が働くとパートナーの少々の欠点などには目をつぶり、同じ相手と一緒にずーっと暮らしていけるようになるとします。一夫一婦制がヒトという生物にとって都合の良いものらしいので、この遺伝子をもった夫婦は良い子供をたくさんつくることができるでしょう。

さらにこの遺伝子が働くと、親に対してもずーっと孝行を続けていられるようになるとしましょう。子供の時代に親の言うことをよく聞くことは、危険を避け、生きるに必要な技術を学ぶうえで有利になります。また親は子育てに対して良いアドバイスをくれますから、この遺伝子が働くと良い子をたくさんつくることができるでしょう。だからこの遺伝子は生物学的に優れた遺伝子ということになります。

この遺伝子を「こらえ性の遺伝子」と呼ぶことにします。こらえ性があるからこそ同じ相手とも長続きし、親や姑にもがまんしてお仕えできます。

さて、老化とともにこの遺伝子が働かなくなるとします。子育ては終わってしまったのですから、こんな遺伝子は働かなくなっても生物学的には問題ありません。するとこらえ性がなくなり、もう同じ相手と一緒にいるのは嫌だとか、これ以上親の面倒を見るのは嫌だとかいう気持ちになってきます。

もしこんなふうに体ができていたとしたら、今までの倫理は人生の後半には通用しないことになるでしょう。

もちろん「こらえ性の遺伝子」などというのは、私の想像上の産物です。本当にこんな遺伝子があるかどうかはまったく分かりませんし、また、新しいサバサバした倫理がどうしても必要なのかも私には判断できません。

分からないのにこんなことを書くのは思慮に欠けることです。故郷《くに》の親が読んだら大いに嘆くでしょうし、女房に読まれたら定年とともに放り出されそうで、たちまち実害が出てくる恐れがあります。いずれにしても罰当たりな議論ですから、こんなことは、本当は口に出してはいけないことなのでしょう。

でも、孝行息子であり良き夫であるからこそ、こういう議論をまじめにしておきたいのです。いくら自分がつとめを果たそうとしても、年とともに果たし切れなくなっていき、うしろめたさばかりがつのるのでは、どうにもやりきれません。既存の倫理からはずれないようにと、小心翼々として生きている良き小市民が不幸になり、倫理などてんから気にしない人間ほど幸せな老年を過ごせるようでは、やはり世の中、間違っています。そんなことを続けていれば、子育てが済むまではぜひとも守らねばならない倫理さえも、守らなくてもいいと考える人間が巷《ちまた》に増えてしまうでしょう。倫理が崩壊します。だから既存の倫理そのものには、やはり遵守すべき価値があり、倫理を崩壊から守らねばならぬとするならば、人生を二つに分け、子育てが終わるまでは既存の倫理、それ以降はまた新たな倫理というふうに、きっぱり区別をつけるほうがいいのかもしれないのです。

人倫の荒廃を嘆き現代人の堕落を責めるばかりでは、解決になりません。かえってまじめな人間を苦しめるだけです。既存の宗教はこの点をどこまで真剣に考え、対処しているのでしょうか？

このような点まで含めて、高齢化社会を迎えるに当たってどう生きていったら良いかの指針を誰かに与えて欲しいと、私は常々願っているのです。でも今のところ叶えられそうにありません。途方にくれてしまいます。

エネルギー問題を解決したと考える現代人

生き方自体、どうすれば良いか分からないのですが、現代では死そのものも分かりにくくなってきました。「脳死」の問題です。脳死を死とするか、それとも昔ながらに心臓の停止を死とするか、いろいろと議論されました。

生物学者としてこの議論を聞いていておかしいなと感じたのは、自然では起こり得ない状況での死を問題にしているところです。

動物は食べなければ死にます。野生では自分で餌をとることができなくなれば、それが死を意味しますし、食物を他者からもらえたとしても、自分で口を動かして取り込む力を失えば死ぬしかありません。食べられなくなれば死、つまりエネルギーの切れ目が命の切れ目です。

ところが病院での死は、点滴をして人工呼吸器をつけた状況での死を考えています。食物も、それを燃やしてエネルギーを得るのに不可欠な酸素も、外からチューブで注入しています。つまり生物にとってもっとも大切で生死を分けるエネルギー獲得の問題が解決されている状況での死を考えようとするわけです。人工的な状況下で体の崩壊が起こっていく、そのどこかで線を引いて死としようという議論ですから、このような議論は生物学的にはどうでもいいものだとも言えるでしょう。

このような脳死の議論のやり方に、現代の生命観が端的に表れていると私は感じています。現代技術はヒトからエネルギーの制約を取り除いてしまいました。過去の生物たちが営々とつくり上げてきた石油や石炭をふんだんに使用できるようになったからです。このような状況だからこそ、エネルギーの獲得とは無関係に死を論じることができるわけですし、咀嚼《そしゃく》して食べものを飲み込む力がなくなった後の生をも考えることができるのです。

私たちは体が生きていくのに必要なエネルギーの三〇倍ものエネルギーを消費していると本書では繰り返し述べてきました。動物にとって生きるか死ぬかを決める食物エネルギーが、現代人にとってはたった三〇分の一の重みしかもっていないのです。だからこそ私たちはエネルギーのことを抜きにして死について考えるという、生物学的にはおかしなことをやるのでしょう。そしてまたエネルギーのことを考慮せずに生命について考えたりもするのです。

生命の本質は遺伝情報だという言い方がよくなされます。体は利己的な遺伝子のたんなる乗り物であり、体とは遺伝子にこき使われている奴隷だ、という見方が喧伝されたりもします。遺伝子とは情報の担い手です。一方、体はエネルギーを使って仕事をし、子孫という何よりも大切なものを現実につくり出します。エネルギーを使って物をつくり出す現場の作業者よりも、それを指令している情報のほうが偉いのだというのは、当代流行の考え方でしょう。

若者の理科離れが問題になっています。物をつくる農業や工業よりも、物を直接扱わない金融やマスコミのような情報産業に若者の人気が集まっているのですが、このような考えになるのも、私たちはエネルギーをふんだんに使え、物もふんだんに手に入るようになってしまったからです。現代日本には物があふれています。これでは、働いてエネルギーを使って物をつくる気にもなれないし、物をつくる作業を尊敬する気にもなれないでしょう。だからこそ情報のほうが偉いと思ってしまうのではないかと私は考えています。

でも情報だけで生きていくことはできません。生物の遺伝情報にしても、発現され、体という形をとって現実に仕事をしなければ意味が出てこないのです。情報だけあっても、それが読まれなければ無に等しいわけです。情報を読んで現実に発現させるためにはエネルギーが必要です。現実に生きた生命を回転させていくためにはエネルギーが必要なのです。エネルギーの流れが止まれば生物の時間も止まります。

ヒトにおいて情報を扱う主な場所は脳。脳死がすなわち人間の死だという考えは、情報のほうを重要視する考えの反映だと思われます。エネルギー問題は解決済みでそれほど大切ではないとする社会一般の見方が、現代の生命観にも色濃く反映しているのです。

植物――長寿の秘訣

現代人はエネルギー問題を、石油や石炭という化石エネルギーを使ってあたかも解決したかのように振る舞っているのですが、その石炭をつくり出したのは植物です。植物は現代人と違い、本当にエネルギー問題を解決してしまいました。

地球上の利用可能なエネルギーのほとんどは太陽から来るものです。太陽のエネルギーにより雨も降れば風も吹き、海の流れも起こります。そして私たちの食物も、植物が太陽エネルギーを使って生み出したものなのです。植物は無尽蔵とも言える太陽エネルギーを上手に使う術をもっていますから、エネルギー問題はすでに解決済みです。そのようなものでは、寿命もまた動物とは違ったものになると考えられるでしょう。

屋久島には樹齢七千年といわれる縄文杉があります。じつはその半分程度かもしれないという議論もありますが、いずれにせよ動物の寿命がせいぜい百年ですから、これは桁違いに長い寿命です。数千年などと言えば、その間に巨大な台風も来るでしょう。落雷もあるでしょう。生えている大地だって崩れてしまう確率のほうが高いかもしれません。だから七千年が現在見られる最高齢だとしても、これが縄文杉の寿命の限界だとは必ずしも言えないでしょう。縄文杉には寿命はないと見るほうが現実的だろうと考えたくなります。

縄文杉ほど長くはなくても、樹齢何百年という木は、それほどめずらしいわけではありません。樹木の寿命を文献で調べてみると、モミは二二五年、ブナが二七五年、カシが四五〇年、セコイアが二五〇〇年などと、動物のものより桁違いに長い寿命が並んでいます。なぜ木はこれほどまでに長い寿命をもっているのでしょうか？

植物と動物のもっとも大きな違いは、エネルギーを手に入れる方法です。植物の場合、自分の体の中に食糧生産工場をもっています。太陽のエネルギーを受けとり、それを使ってでんぷんなどの食物をつくり出すことができるのです。だから日向ぼっこさえしていれば、食物を求めてうろうろしなくても済むことになります。それに対して動物はこのような才能をもっていないため、よそから食物を手に入れ、それを食べることによりエネルギーを獲得しなければなりません。動物は食べねばならないのです。「動物とは口のある生物」という定義もあるくらいです。

日向ぼっこしているだけでいいものと、うろうろ探してやっと手に入るものとでは、エネルギーの余裕がぜんぜん違うでしょう。うろつくということは、それだけでも大量にエネルギーを必要とすることです。だから動物にとってエネルギー問題は、植物とは比べものにならないほど大きな厳しい問題なのです。

一生の間に使うエネルギー量が哺乳類では三〇億ジュールと一定になっていると申しましたが、このような関係は、限られたエネルギー資源の中でどう生きるかという強い制約の下に、動物がデザインされていることを示唆する事実ではないでしょうか。時間の速度とエネルギー消費量とが比例するという関係も、エネルギーの余裕のない生きものだからこそ、このようなはっきりとした相関関係が生じているのだろうと私は想像しています。

植物は動物と違ってエネルギーに余裕をもっていますから、時間をはじめとして、多くの場面でエネルギーが制約要因になっていない可能性があります。寿命という時間にしても、動物のようなエネルギーとの強い相関は、植物では見られないものかもしれません。また動物と植物とではエネルギーの使い方や体のつくり方にも違いがあります。それが寿命をこんなにも違うものにしているのではないかと私は考えています。いずれにせよ動物と植物とでは、同じ生物とはいっても、寿命に端的に表れているように、時間の流れ方が非常に違っているのではないでしょうか。

植物はエネルギーに断然余裕があります。エネルギーをふんだんに使えれば、体にいろいろと投資して、壊れにくい体にしたり、壊れても元に直す立派な修復機構を体に備えつけておくこともできるでしょう。現代人はエネルギー問題を解決したから長生きになったと申しました。植物でも同じこと。エネルギー問題を解決しているからこそ寿命が長いのだとは考えられないでしょうか。だから「植物人間」は長生きだ、などと言ったら悪い冗談ですが、でもエネルギー問題の解決という点で見れば、まさに寝たきりというのは植物の世界に近づいた状態なのです。

一目で分かる動物と植物の違いは、動物は動き、植物は動かないところです。もちろんこれはエネルギー入手と関係しています。植物は動かなくてもエネルギーが手に入るのですから、わざわざ動く必要はないわけです。この動くか動かないかということが、動物と植物の体のデザインに大きな影響を与えていますし、エネルギーをどう使うかにも大きく関わっています。寿命にも当然関係していると思われます。

植物にとって寿命が長いことは利点になります。植物のように土地に固着して生活するものにとって、条件の良い場所を確保することは死活問題です。陽当たりが良く水も養分もある、一度そういう土地を手に入れたら、ずっとその場所を占拠し続けるべきでしょう。死んでしまえば場所をあけ渡すことになります。寿命を長くして、その場所で子供をつくり続けるのは良い戦略です。寿命を長く保つためには、壊れにくい体や、壊れてもそれを修復する機構をもたねばなりませんが、それにはかなりのエネルギーの投資が必要です。また、体を立派にして良い修復機構をもてばもつほど体はかさばって重くなるでしょう。でもこれらの点は問題になりません。植物はエネルギーに余裕がありますし、動かないのですから体が少々重くなっても不都合は生じないのです。かえって重いほうが体が安定して風に吹き倒されずに都合の良いこともあります。

大木の場合には、体のかなりの部分が死んだ細胞で占められています。幹の中心部などは生きていません。植物の細胞は動物のものと違い、細胞が堅い丈夫な細胞壁で囲まれています。細胞壁は樹木の場合、特によく発達し、細胞が死んだ後にも残って形を保ち力を支えることができます。死んでも壊れないほど立派な体をもっているのですね。だからこそ木材を使って家を建てられるのです。

これは木にとって大変都合の良いことです。木は背丈が高く大きいほど、他のものの陰になることなく太陽の光をたくさん浴びることができます。死んだ部分がずっと残って土台となり、その上に生きた部分がのって伸びていけば、木はどんどん大きくなれます。土台になる部分は日が当たらないのですから、どのみち光合成はできません。だからこの部分は生きていないほうが、かえって余分なエネルギーを使わなくていいわけです。

動物の場合は、植物とは事情がかなり異なります。動物は動き回ります。速く動くためには、体は軽いに越したことはありません。死んだ部分などないほうが体が軽くなっていいのです。死んだ部分は植物では大きな体をつくるうえで役立つのですが、動物は体が大きいほうが必ずしも良いというわけではありません。また植物と違い固執する土地もないのですから、えんえんと生きてその場所に居座る必要はなく、そして動き回れば体のすり減り方も激しいでしょうから、適当な時期まで体がもてば良しとし、それ以上、寿命を延ばす機構を動物はもたないのかもしれません。余計な機構がなければ、それだけ体が軽くなり速く動けるようになります。

樹木とわれわれ哺乳類の違いをさらにあげれば、木の場合、細胞はどんどん新たにつくられ、生涯にわたり成長を続けます。木は何百年たったものでも若い細胞をたくさんもっているのです。一方、われわれのような哺乳類では、成長はある時期で止まってしまいます。

植物の場合、同じ細胞が一生のあいだ生きて存在し続けているのではなく、細胞は新しいものと入れ替わっているのですが、われわれの場合、脳や心臓という非常に重要とみなされている部分では、個体の一生の間ずっと同じ細胞が働き続けており、細胞の入れ替わりは見られません。細胞がしょっちゅう更新されているシステムは長持ちするでしょう。同じ細胞をずっと使って入れ替えないものは、早晩壊れてしまうはずです。

植物は群体性の生きものに近い体のつくりをしていると言われています。群体とはサンゴやホヤのように、一個の親の個体から、出芽や分裂によって増えた子供がそのまま一緒につながって、ひとまとまりの塊をつくり生活しているものです。

サンゴの群体には何百年も生き続けているものも見られます。でも個々の個体の寿命はそれほど長くはありません。大きい群体の中心部はすでに死んだ個体の殻であり、その上に新しい個体がたえず新たに付け加わって、群体として成長し、長寿になっているのです。

群体は固着生活に適しています。群体のように同じユニットを次々と付け加えていくやり方をすれば、寿命が延び、良い場所を確保し続けられます。また、たとえ群体の一部を捕食者に食べられたとしても、サイズが少々小さくなるだけで、致命傷にはなりにくいのです。そしてまたユニットを新たに付け加えれば、簡単に修復することが可能です。このように固着していて逃げ隠れできない生きものにとって、群体はきわめて都合の良いやり方なのです。

植物の場合も、細胞一個が動物群体の中の個体に対応し、一本の木とは個体が集まった群体なのだという見方をする人もいます。たしかに植物細胞は一個一個が堅い細胞壁に囲まれたユニットになっており、これをちょうどレンガを積み上げるようにして、木は大きくなっていきます。サンゴの群体に似ています。

ユニット（植物の細胞）は互いによく似ており、再生力も抜群です。植物から細胞一個を取り出して培養すれば、また完全な植物になりますし、もちろん枝を一本地面に挿しておけば木へと成長します。サンゴも、群体の枝一本を折って海底に固定しておけば、また大きな群体へと成長します。

ふつうの動物では、そうはいきません。われわれのような一個体で生活している動物の体は同じユニットでできているわけではなく、神経は神経、筋肉は筋肉と、それぞれの働きをするように細胞は特殊化しています。特殊化したものが複雑に組み合わさって体ができ上がっているのです。だからこそ効率良く複雑な運動もできるのですが、このような体のつくりにすれば、古い細胞を新しいものに取り替えるのは、そう簡単にはいきません。まったく同じユニットを入れ替えるのとは、わけが違います。

植物と動物とでは、寿命が一桁違います。一桁違えば質が違うのではないか、という議論を第四章でやりましたが、やはり植物と動物では、個体の寿命の意味合いも、そして個体そのものの意味合いも、かなり異なるのではないでしょうか。

動物、特にわれわれ哺乳類や鳥類のような恒温動物は、より多くの食物を手に入れるために、より早く動ける体をつくってきました。エネルギーのほとんどは体を運転するために使われています。体自体をつくるのに当てられるエネルギーは多くはないのです。一方、植物は体を大きくし、それを長持ちさせることにエネルギーをふんだんに使っています。そうすれば良い土地を確保し続け、より多くの太陽エネルギーを手に入れられるからです。

たとえて言えば、建物に金をかけるか、自動車を動かすガソリンに金をかけるかという違いでしょう。植物のように建物に金をかければ、建物（体）が長持ちするのは当然でしょう。一方、ガソリンをどんどん燃やして走れば、どんな高級車だってすぐにガタがきてしまいます。結局、土地に執着するものはゆっくり長生きを選択し、動き回るものは素早くて短命を選択することになると思われます。

この結論は、何となく現代社会にも当てはまりそうな気がしますね。先祖代々、同じ土地にいれば文化は伝承され、文化の寿命は長くなるものでしょう。現代社会のものすごく早い変化は、都市の住民という土地をもたない人たちがつくり出しているものです。土地に定着すると時間はゆっくりになり、流れ者になると時間は速くなる。動物と植物の違いが、現代の時間にも当てはめられそうな気がしています。

昆虫——複数の時間を生きる

木の寿命は長いと申しましたが、同じ植物でも、たった一年の命というものも、もちろんあります。一年草の場合は地球の公転周期に自己の寿命を合わせており、これは寿命の長さが環境に適応して決まっていることの良い例でしょう。冬を越すには寒さに耐えるだけの備えがいります。体を凍えないようにつくるにはそれなりの投資が必要で、エネルギーをずいぶん投入しなければなりません。でも冬には太陽から得られるエネルギーは少ないのですから、出費が多くて収入は少ないことになります。そんな時期は種子という形で過ごしたほうが得だという戦略があって当然でしょう。種子として土の中にひそんでいれば寒さもしのぎやすいうえに、種子くらいサイズが小さければ、寒さに耐える工夫をいろいろとこらしても、それほどの出費にはなりません。種子の状態では活動はほとんど停止しています。エネルギー消費はごくわずかですから、時間はほとんど止まっているとみなせるでしょう。都合の悪い時間はないものにするという発想です。時間を操作して環境に適応しているとも言えるでしょう。

このやり方は植物に限ったものではありません。動物でも成体は秋に死んでしまい、卵で冬を越すものがたくさんいます。身近な昆虫にも多くの例が見られます。昆虫は卵、幼虫、蛹、成虫と、変態して一生の間に姿かたちが大きく変わります。卵ではなく蛹で越冬するものも多いのですが、やはり越冬中のエネルギー消費量は大変少なくなっています。暖かい間に何度か世代を繰り返して蛹で冬を越すものでは、越冬する蛹とそうでない蛹とが見られますが、たとえばニクバエだと、越冬中の蛹のエネルギー消費量は、そうでない蛹のたった1/10です。

幼虫で冬を越すものもいます。悪名の高いドウガネブイブイもその一つです。コガネムシの仲間で、幼虫は土の中にいてサツマイモや落花生を食べ、成虫になるとブドウやクリの葉を食べますから、農家に大変嫌がられていますし、芝を荒らすのでゴルフ場の管理者にも目の敵にされています。

このドウガネブイブイ。実験室でうまく飼うと三カ月ほどで卵から親になりますが、野外では一年かかります。夏に卵からかえった幼虫は十月下旬には食べるのをやめ、休眠状態で冬を越すのです。そして初夏に目覚め、短い蛹の期間を経て親になります。

東京あたりではこうなのですが、北の札幌では親になるのに足かけ三年かかります。幼虫で冬を二度も越すのです。昆虫のような変温動物では気温が低ければ体温も低くなり、体温が下がればそれだけエネルギー消費量も少なく、そして時間がゆっくりとなるのでしょう。

昆虫は変態して形を大きく変えますが、これにはもちろん意味があります。モンシロチョウを考えてみましょう。青虫の時代は食べて成長する時期です。親が産みつけてくれたキャベツの上で、ひたすら食べて大きくなります。青虫に比べればキャベツのほうがずっとサイズは大きいですから、餌を食べ尽くすことはなく、青虫は餌を探してうろつく必要はありません。運動にはほとんどエネルギーを使わなくてもいいわけで、そのぶん成長にエネルギーをまわせます。青虫は充分育ったところで蛹になり変身の準備に入ります。

蝶の時代は動き回る時代です。飛び回って結婚相手を捜し、子供が育つのに都合の良い環境であるキャベツやアブラナを見つけて卵を産んで回ります。広く世界に子孫をばらまくために飛び回るのです。

飛ぶということは動物の活動の中で、もっともエネルギーを消耗するものです。タテハチョウの測定例がありますが、飛んでいる最中には飛ばないときの一七〇倍ものエネルギーを消費します。飛んでいる蝶の時間とモソモソ餌を食べている芋虫の代謝時間は大きく違っているわけです。ちなみにタテハチョウの飛翔中のエネルギー消費量は、体重あたりの比較でヒトが走っているときの三〇倍以上にもなります。

飛び回って、交尾し、産卵するという、どれをとってもエネルギーをものすごく使う活動を主目的とする蝶の時期と、食っちゃ寝、食っちゃ寝している幼虫の時期とでは、時間はかなり違うと考えていいと思われます。時間から見ても生活様式から見ても、幼虫と成虫とでは非常に違うものでしょう。

幼虫の時代は植物に近いと言ってもいいのかもしれません。餌は目の前にあり、ただ食べれば良いのです。動き回る必要はありません。エネルギー問題は解決されており、食べた物のほとんどを体をつくるのに投資します。建物に投資し、どんどん建増ししていくのです。一方、成虫の時代は、まさにこれぞ動く物。活発に動き回り、自分の食物のみならず、子供が食べるものをも探し出して、そこに卵を産みつけます。昆虫は植物的時代と動物的時代とを経験し、まったく違った二つの時間を生きているのかもしれません。

私たち哺乳類は、親と同じ形に生まれ落ち、同じ形のまま同じような暮らし方をして一生を過ごす生きものです。結局、同質な時間の中で一生を生きているのでしょう。そういう生物だからこそ、時間といえば一定の速度で流れるたった一種類のものしか思いつかないのかもしれません。

地中で長い幼虫の期間を過ごし、地上に出てきたらあっという間に死んでしまうセミ。彼らの一生を、私たちは不可解にも感じ、また、成虫になって、たった二週間の命かと哀れにも感じていますね。でも、もしセミの成虫の時間が幼虫の五〇倍速いと仮定すれば、地上の二週間は地中の二年に相当することになります。決して私たちが感じるほどバランスの悪い一生ではないのかもしれません。それに成虫の期間が幼虫のときよりいいなどと考えるのは人間の見方です。昆虫自身は、成虫の時間と幼虫の時間とは、まったく違った比べられないものとして、違う時間を生きることに意味を見いだしているのかもしれないのです。もしかしたら昆虫は、卵、幼虫、蛹、成虫という四つの生と四つの時間を楽しんでいるのかもしれませんね。

「カゲロウの命」と哀れむ私たちなのですが、カゲロウにしたら、人間など形も時間も一つしかない、単調でめりはりのない生きもの。燃え尽きることもせず、どこかが死かなどとダラダラ論議している現代人など、潔さに欠けるしようもないものとして映っているのかもしれないのです。

卑しい日本人と科学の罪

生殖活動を終わってもえんえんと生きていることは、生物学的には潔さに欠けること。さっさと後進に道をゆずる昆虫にしてみれば、未練がましい行為でしょう。現代人が長生きできるのはエネルギーをふんだんに使っているからです。そしてそのエネルギー資源は、このまま使い続ければ近い将来には、なくなってしまうのは確実です。だから、こんなに長生きできるのは、今のわれわれの世代だけになる恐れだってあるのです。百年後の子孫に「あの時代にもっとエネルギーを節約してくれていたら、わたしたちも長生きできただろうに……」などと怨まれることになる可能性も否定できません。

そこまで考えれば、湯水のようにエネルギーを使って長生きしている現在の事態は、子孫に対してうしろめたく感じる必要のあることなのでしょう。でも、高齢者医療に莫大なエネルギーを投入していることに対して、私たちは人道的に良いことをしているとは思っていても、うしろめたさなど感じることはありませんね。現代人はエネルギー問題はあたかも解決したかのように考えて、使いたいだけエネルギーを使っているのです。

でもエネルギー問題は、まったく解決されてはいないのです。石油は使えば使っただけ減っていきます。埋蔵されている化石エネルギーの総量は決まっており、これは百年先、二百年先の人々もふくめて人類共通の財産なのです。それを今のように使い放題使ってしまったら、子孫の代が困ります。このままいったらエネルギー不足に陥り、彼らは今よりずっと不便な生活を強いられることになるでしょうし、寿命だって短くなるかもしれません。飢えが現実になる恐れもあります。原子力を使えば良いという考えもあるでしょうが、出てくる核廃棄物は、世代を越えて後世の重荷になります。エネルギーの大量使用による環境汚染や核廃棄物は、私たちがエネルギーを使えば使うほど大きな負の遺産として子孫に手渡されていくのです。だから現在のようなぜいたくなエネルギーの使い方は、たとえて言えば、自分はしたいだけ借金していい暮らしをし、そのつけは子孫に払わすようなものでしょう。子孫にしてみれば、たまったものではありません。困ります。

困るのは子孫だけではないと私は思っています。いい暮らしをしている当人にだって、バチが当たっているのです。先のことも考えず、返すつもりのない借金でぜいたくに暮らしていれば、当然、無責任な人間に成り下がります。人品も卑しくなってしまうでしょう。

私たちが将来のエネルギー問題をあまり真剣に、そして深刻に考えようとしないのは、いずれ科学が問題を解決してくれるだろうと、安心しているからでしょう。だからこそ、このようなバチ当たりな生活を平気で続けていられるのです。「科学に投資しておけば、いずれは新技術を開発してエネルギー問題も環境問題も解決できる」と科学は言い続け、人びとを信じさせてきました。つまり科学を信じて少々お布施を出しておきさえすれば、ぜいたくな借金生活を正当化でき、罪を感じることはないと科学は言うのです。

現代日本人は、みな科学を信じていると私は思っています。こぞって科学教徒になっているのですね。科学は、現在のこの物質的な繁栄をもたらしてくれました。さらに罪の意識まで取り去ってくれるのです。絶大な御利益《ごりやく》があるのですね。これなら、一億総科学教徒になるのももっともなことだと思います。

でも、科学が近い将来、エネルギー問題や環境問題をあざやかに解決できるかどうかは、保証の限りではありません。保証もできないのに、いかにもできそうに思わせるのは、いわば詐欺です。

中世の教会は免罪符という保証書を売って儲けていました。今の科学がやっていることも、これに似た行為かもしれないのです。人間のうしろめたさにつけこんで金をせびりとっているのですから、科学の罪はじつに深いと私は思っています。もちろん私たち一人ひとりの罪も深いのですが。

時間観と責任感

私たちがこうも簡単に科学を信じてしまう背景には、進歩思想があります、科学はどんどん進歩して、時間がたてば問題をつぎつぎと解決してくれるはずだと信じ込みやすい体質に、私たちはなっているのでしょう。進歩思想は直線的な時間観から生まれてくるものです。直線的な時間が物理的な時間であり、物理学が現代科学・技術の基礎になっているわけですから、私たちはまさに物理学の編み出す世界の中で、目をくらまされているのかもしれません。そして無責任な人間に成り下がっているのです。

一方、生物的時間は回る時間、回転して元に戻る時間です。回る時間の立場に立つなら、世代が終わるごとに状況が元に戻らねばなりません。自分が親の世代から受け継いだものをそっくりそのまま、今度は自分の子供の世代に引き渡す義務がありますす。つまり引き継いだ先輩に対しても、引き渡す後輩に対しても、責任をもたねばならないのです。回る時間観に立てば、私たちは責任感のある人間にならざるを得ません。

現代は祖先から受け継いだものを子孫に渡していません。エネルギー資源は使って相当減らして引き渡しますし、そのかわり核廃棄物をはじめとするマイナスの遺産を次世代に残していきます。これはずいぶんと無責任なことです。回る時間観をもっていたらこんなことにはならなかったと思われます。

だから直線的な時間観は無責任なのだ！　とは必ずしも言えません。日本に直線的な時間観をもたらしたニュートンの絶対時間の背景には、キリスト教の神の時間があると申しました。神の時間においては、直線的に流れていったその果てには、神の審判が待っています。人間はそこで、嫌でも責任をとらされてしまいます。

私たち日本人は明治になって、それまでの回る時間を捨て、西洋風の直線的時間を受け入れました。でもその際、神は受け入れなかったのです。神の存在しない直線的な時間観では、もはや最後の審判はありません。私たちは誰に対しても責任をとる必要がなくなったのです。

永遠の神も天国も地獄も存在しませんから、私個人が死んだときが時間の終わり、世界の終わりです。後のことなど関係ありません。だからこそ、子孫がどうなろうと関係なく、私個人ができるだけ長生きしなければならない、そのためにはエネルギーをどれだけ使ってもかまわない、という考えに陥ってしまうのでしょう。私たち日本人は、本来の回る時間を捨て、外来の直線的な時間を中途半端に受け入れたために、大変無責任な人種になってしまいました。時間のとらえ方が、現代日本の無責任な世相をつくり出している一因だと私は考えています。

「おまけの人生」

さて、ここまでが本章の前置き。ずいぶんと長い前置きでしたが、ここまでの話をもとに、私たちが、この長くなった人生をどう生きていったら良いかを考えていくことにします。

戦後のたった七〇年間で寿命が一・六倍にもなりました。延びた部分は自然状態では見られないものであり、生物学的には積極的な意味をもたない期間です。いわば「おまけ」。そこでこの部分を「おまけの人生」と呼ぶことにしましょう。

次世代の生産に当たらない年寄りが長生きすれば、子供の食糧を横取りして食いつぶし、結果として自分自身の子孫の数を減らしてしまいます。これは生物学的には大変に困ったこと。「おまけの人生」は子孫に対して「うしろめたい人生」でもあるのです。

もちろん私たちはたんなる生物ではありません。「生物なんぞと同列に論じられては困る。人間は生きているだけで価値があるのだ！」と居直ってもいいのですが、でもやっぱり生物学的うしろめたさが消え去るわけではありません。このうしろめたさを補ってあまりあるだけの、次世代に対して意味のあるおまけの人生を送りたいものだと私は願っています。それにはどうしたら良いか、知恵を絞って考える必要があります。

知恵など、そうそうは出てこないだろうと先ほど言ったのですが、今までの議論をもとに生物学の立場から、いくつかのヒントを出すことにしましょう。一つのヒントは時間の見方を変えることです。もう一つは老人にも働く義務があると考えること。そしておまけの人生は、それまでとはまったく違った別の人生であると割り切ってしまうほうが良いということ。最後に、次世代の役に立つことをすることによって、老いの時間に意味を見つけたらどうか、というのが私の提案、ヒントとなります。

時間の見方を変える

本書は生物学にもとづく時間論の本です。その応用問題として老いの問題を考えているわけですが、おまけの人生を無理なく生き、そして意味のあるものにするためには、時間の見方を変える必要があると私は言いたいのです。

今までの物理学的な時間の考え方では、時間は一種類しかありませんでした。時は無情に流れてそれは何ものにも影響されず一定の速度で進んでいくものでした。そして私たちはただそれに流されるだけ。時間の流れを変えることはできないのですから、時間に対して私たちは何ら自由をもっていないことになります。唯一私たちの自由がきくとすれば、その流れにどれだけ長く乗り続けられるかだけでしょう。だからこそ、何をさて置いても長生きしたい、長生きさせたいというのが唯一の正しい考え方だとされてきたのです。このような時間観では、ガタガタになった体を抱えながら、どこまで到達できるかを死ぬまで競い続けることになるわけで、これでは心やすらかに老後を送ることなどできないでしょう。

一種類しか時間がないとすると、老いの時間や若者の時間などという区別は一切認めないことになります。とすると、どうしても元気で若く速い時間が世の中の基準となってしまうでしょう。これについて行けなくなったらもうおしまい、落伍者です。そうならないためにも、老骨に鞭《むち》打って駆け続けなければいけません。今の時間観は、老人にとって大変厳しいものです。

本書で繰り返し述べてきたことは、時間とは見方により何種類もあるだろう、時間の速さは変わるし、変えられるだろうということでした。これなら「老人の時間は若者のものとは違う。私は自分のペースで生きるんだ！」と老人は居直ればいいわけです。

このような考えに立つと、なにがなんでも長生きしなければ、とはなりません。時間の速度がエネルギー消費量（仕事量）に比例すると考えるのですから、ただ病院のベッドに横たわっているだけの時間など、あって無きがごときものともみなせます。もちろん、だからといって無意味だからすぐに治療を打ち切れ、ということにはなりませんが、医療の姿勢として、また残される側の姿勢として、長生きさせることが無条件に良い、それが親孝行、人の道なのだと、必ずしも考える必要はなくなるわけで、自由度が生まれてきます。

頑張って仕事をして命が縮んだからといって、丸損したとみなす必要もなくなるかもしれません。たくさんの仕事をすれば、物理的時間は短くても、エネルギーを考慮に入れた時間（代謝時間）はそうとう長くなります。天才は短く燃え尽きても、じつは充分長い時間を生きたとも言えるでしょう。

結局、ゆったりとしたゾウ的人生もいいね、ネズミ的に燃え尽きるような密度の高い人生もいいねというふうに、状況に応じて自分を納得させ得る時間の種類が増えるなら、「時間は唯一、このやり方しかない！」と考えているときよりは、少しは肩の力が抜ける気がします。

老いの時間をデザインする

エネルギー消費量により時間の速さが変わります。これは体の時間にも社会生活の時間にも当てはまります。とくに社会生活の時間は、どれだけエネルギーを使うかで自由に変えることができるのですから、自分で時間をデザインできることになります。

一生の時間を自分でデザインするなんて素敵だと思いませんか？　ここはゆっくり

と、このあたりでは速くと、人生のいろいろな段階で生きるテンポを変えてみることもできるようになります。一日の時間の使い方でも同じこと。時間に対して自発的に、そして能動的に接することができるのです。これはずいぶんと自由になった感じがするのではないでしょうか。

時間の速度が大きく違えば、それは異質の時間、種類の違ったものとみなせます。つまり違う時間を何種類ももつことが可能なのです。昆虫のようにいくつもの時間、いくつもの生を、一回の人生の中で、楽しむことができることになります。

私が「おまけの人生」などと名づけたのは、人生を二つに分け、二つの違う生を生きることを楽しんだらどうかと考えているからです。子供をつくり育てる時期と、それが終わってからの時期とでは、いろいろな点で大きく違います。生きる目的も違いますし、体そのものも違ってきます。何といっても老後は体がガタガタになりますから、若い頃と何でも同じにしようなどと思ったら、無理がくるだけです。おまけの部分は若いときとは違う生だと、サバサバと割り切ってしまい、「おまけの部分では、新しい時間、新しい人生をデザインしよう。古い自分を脱ぎ捨てて蝶のように変身するんだ！」と思い切ればいいんですね。

待ってました、定年！

それでは、いつからを「おまけ」と考えましょうか？　人間五十年にならって五〇歳以上がおまけと言えば、現代ではあまりに若いと叱られてしまうでしょう。結婚年齢も上がっているのですから、ここはおまけして、六五歳。三〇で結婚して子供をつくり、その子が孫を産んでくれた時が六五歳くらい。ちょうど定年と重なりますから、これ以後をおまけの人生と考えることにします。

おまけの部分は体がガタガタで時間は遅くてスカンスカン、などと本書では言ってきましたが、じつはそれほど捨てたものではないと私は思っています。

速いことがはたして良いことなのか？　というのは、本書の重要なメッセージです。でもそんなことを言っても、このご時世。コンピュータ業界に代表されるように、ドッグイヤーなどと言って、どんどん世の中は加速しています。それに乗り遅れれば、商売は成り立ちません。速いものが、やはり勝つのがビジネスの世界でしょう。どんどん加速する時間の中で、なんとか生きていかなければならないのです。お金をかせぐのは、やはり辛いことです。

ビジネスから身を引いてしまったら、なにもそんな速い時間に付き合う必要はなくなります。誰に遠慮することなく、ヒトとして無理のない時間を生きられるのが定年後です。これは、体の少々のガタなど補ってあまりある、素晴らしいことです。

若いときと同じように速くはできないと落ち込む必要はまったくないのです。逆に、速くしなくても良くなった、万歳！　これからが本当に人間らしい時間を生きられるのだと、はればれとすれば良いのです。

こう考えれば、やはり、若いときと定年後のおまけの人生とでは、時間の質がまったく違うことになります。体の時間が違うだけではなく、社会生活の時間も、まったく違ったものになるのです。だからこそ人生を二つに分けて考え、違う生を生きようではないかと提案したいのです。

老人は働け！

さて、おまけの人生を、どう生きるかを考えていきましょう。

今までの考え方は敬老精神にあふれていました。「御老人のみなさま。あなたがたは私たち子供を育て上げて下さいました。今度は私たちがみなさまの面倒をみる番です。これは、よく働いて下さったごほうび。みなさまは世話をしてもらいながら安逸に暮らす権利があるのです。老後は自分が楽しむためにお使い下さいますように」。

はたしてこれは敬老としての正しい姿勢なのでしょうか？　いくつかの点で、おや？　と疑問に思うところがあります。

●疑問その一――ごほうびは当然か？

子供をつくり育てるために一所懸命働くのは、生物として当然の行為。それが終わったら静かに消えていくのが生物というものです。だから生物として考えるなら、子供をつくり育てたからといって、ごほうびを期待する権利はヒトといえどもないはずです。現在の長寿は多大なエネルギーを使うことで可能になっているのですから、「ごほうび」だと私たちが言っている分は、じつは子孫のエネルギーの取り分を横取りして勝手に自分たちに分配しているだけとも言えるものです。本書の今までのやり方にならってきびしく、そしてかなりいやらしい言い方をすれば、私たちは盗人であり、盗品をそうじゃないと言いくるめている詐欺師ということにもなりますね。

老後はごほうびに価しない、ときっぱり思い切り、若者のサービスを当然のように受ける権利があると考えることはやめたいと私は思うのです。子育てが終わるまでの部分と、その後のおまけの部分とは、まったく関係がないと考え、おまけの部分はおまけとして、独立に存在の意味を見つけていかなければなりません。老人も一方的にサービスを受ける存在としてではなく、それなりに働いて、存在を認めてもらえるだけの価値をつくり出す必要があります。老人も働かねばなりません。

●疑問その二――働かずに済むことが良いことか？

今の敬老精神のもう一つの問題点は、この働くことと関係するものです。ごほうびをもらう権利があるかないかの詮議はさておくとして、楽隠居して働かずにいることが、はたしてごほうびと呼ぶ価値があるかどうかも、大いに疑問です。

私たちの体の四二パーセントは骨格筋で占められています。骨格筋とは骨を動かして運動するための筋肉です。筋肉はこれだけではありません。心筋や腸や血管の平滑筋などもあります。これらを合わせれば体の半分は筋肉でできていることになります。体の半分が筋肉。つまり体の半分は動くためにあるのです。

ここから、安楽にしていることへの疑問が生じてきます。体を動かさずにいれば、筋肉という体の半分を占めているものが、本来の働きができないでいることになります。いわば窓際族になった状態ですから、不満もつのることでしょう。働かないと体の半分が不幸になっているのかもしれないのですね。

私たち現代人は、実際に肉体を動かして働くものよりも、命令して働かせるもののほうが偉く幸せなのだという見方をしています。これは筋肉よりも脳を重要視する考え方です。でも、脳の重量など体のたった二パーセント。体を動かさずに安逸にしているとは、二パーセントが喜んで五〇パーセントが不満という事態かもしれません。世は民主主義の時代です。体の中で多数決をとれば、働くほうが良い！　という結果になってしまうでしょう。もちろん、幸せだと意識するのは脳なのでしょうが、幸せだと感じることには、体全体が関わっていると私は信じています。体を動かさなければ体の半分は不幸になる、働いてこそ本当の幸せが得られるのだとは考えられないでしょうか。

現在、老人は明けることのない休暇をとらされています。休暇は明けるからこそ休暇です。働くからこそ休みに意味があるのです。生きている限り、働く権利が老人にもあるのだ、人は働いてこそ幸せになれるのだ、と私は考えたいのです。

●疑問その三——老後を自分のためだけに使っていいのだろうか？

生物学的に言えば、おまけの人生など意味のないものです。もちろん、たとえそうであったとしても、老人は死ね！　とは言えません。こうして一度長生きできるようになってしまったら、やっぱり欲は出るものです。私だって死にたいとは思いません。そして、生きている限り、幸せに暮らしたいと願っています。だからおまけの部分を、あきらめずに生きて働いていくことにしようと思うのです。

でも今のように、子孫から盗みながらも盗人猛々しく生きていくのは、やはり気が引けます。なんとかして、おまけの生を生きていることに、積極的な意味を付加する努力をせねばなりません。

現在の老人に対する態度は、老人にやさしくと言いながら、老人から働く場所も生きていく意味をも奪っているように感じられます。これはいけません。私たちは、ただ意味もなく休んでいることには耐えられないのではないでしょうか。老後を趣味に費やしたら、などと言われても、その趣味がたんに自分だけを楽しませるのだったら、いかにも虚しく、生きている意味を見つけにくいと思われます。やはり私たちは次世代に、未来につながることがあってはじめて、生きていく意味を見つけられるのではないかと私は考えています。

現代の医学は、六〇代でも七〇代でも、健康で仕事のできる老人をたくさんつくり出しています。老いとはガタガタだ、ということを本書ではことさら強調してきましたが、それは若いときとは違う時代なのだということを言いたいためだったのです。実際の老年は、それほどガタガタというわけではないでしょう。それにいざとなれば機械という強い味方もあるのですから、年をとってもなんとか仕事はこなせるものだと思います。そういう多くの元気な老人に対して、働くことの正当な根拠を今の社会は与えていないようです。もったいないことですし、老人を不幸にしています。

これから高齢化社会がどんどん進行し、少ない若者で多くの老人を支えていかねばなりません。これでは若者がやる気をなくしてしまいます。若い人たちには、老人の世話なんかよりも、もっと利己的に自分の遺伝子を広げる活動をやってもらわねばなりません。子供をつくらなければ滅びるだけです。私たち現代人は、若いときには子供を産むことをせず、おまけの人生に入ってからもエネルギーをどんどん使いと、どの時期においても自分自身にだけエネルギーを注ぎ込んで、次世代を生産することにエネルギーを使わない傾向があります。これはまさに滅びへの道です。

そうならないためにも、老人に働いてもらわねばなりません。ただしその際、おまけの部分は、それまでとまったく違う生なのだという点は、はっきりさせておく必要があります。ただ定年を延長するなどということはやるべきではありません。いったん退いたおまけだ、という謙虚な姿勢が必要でしょう。現役時代にはいばっていた偉い人も、いったんその立場から身を引いて、完全にご奉仕の精神で新たにやり直すというのが、おまけを生きる正しいやり方ではないかと思います。そうしなければ、いつまでたっても上が引退せず、下のものがうんざりする社会になってしまいます。天下りはいけません。親子関係にしても、もう六五歳を過ぎたら、どっちが上ということもない対等の関係、というふうにサバサバしないと、この長寿社会ではやっていけない気がします。

広い意味での生殖活動

では、働くといって、老人は何をしたなら、おまけでも生存する意味が認められることになるのでしょうか？　ここでも生物学者として割り切って考えたいと思います。子育てが終わるまでは、次世代をつくるということで存在の意味がありました。つまり生殖活動が私たちに存在する意味を与えていたのです。だからおまけの人生でも生殖活動をやればいいわけです。

もちろんそれが終わったからこそおまけなのであって、生々しい生殖活動は不可能なのですが、そこは人間。実際に子供を産む以外にも、次世代のためになることはいろいろとできます。次世代に役に立つことすべてを含めて「広い意味での生殖活動」とここでは呼びましょう。そのような活動にたずさわっていれば、次世代の資源を食いつぶすというマイナス面をそれなりに埋め合わせることができ、胸をはっておまけの部分を生きていくことができそうな気が私はしています。

広い意味での生殖活動には、孫の面倒を見ることも入るでしょう。人生の知恵を語ることもそうでしょう。元気に体が動く間は、働いて若い人たちを支え、食糧をはじめとする物質をつくり出したり、社会に対するサービスをするのも広い意味での生殖活動ですし、働けなくなった老人仲間を支えるのも若い人たちの負担を軽くするのですから、間接的に生殖活動につながるでしょう。そして自分でやれることは自分でやるのが一番の基本。こうすれば若い人たちの負担になりませんし、エネルギー消費量も減らせるでしょう。

子育てが終わるまでは、自分の遺伝子を広めるという利己的な目的がギラギラしていました。おまけの人生は、それが済んでしまった後なのですから、もっと高い立場で他人のこと、社会のこと、次世代のことを考えることができるはずです。このような自由な立場になれることが、おまけの人生の一番いいところだと思います。「これこそが、もっとも人間らしい高貴な時間なのだ。利己的な考えから自由になり、次の世代のために、そして人類の未来のために何をしたらいいのかを本当に考えられるのは、このおまけの時期なのだ！」と、自負のある老人になりたいなぁと願っています。おまけの人生に入るというのは、利己的な遺伝子に縛られた生から、本当の自由な生へと変身して飛び立つこと、違った自由な時間がもてるのだと考えれば、おまけもなかなかのものだという気がしませんか？

もちろん体にはガタがきているわけで、若い人と同じように働けるものではありません。でもこんな見方もできるのです。老いた動物はいません。老いと付き合って生きていけるなどということは、他の動物にはできないことなのです。これぞまさしく人間の尊厳の表れ。ガタガタでも生きていることに大いなる誇りをもてば良いのです。たとえ寝たきりになっても「体が丈夫で生きるなんてことは、動物にだってできる！」と、うそぶいていたいものです。寝たきりでも、次世代に対してできることはあると思うのですね。誇り高く寝ていればいい。それだけで若い人の励みになるはずです。後世への最大遺物は誇り高い高貴なる生涯なのです。

こうして、体が許す範囲で広い意味での生殖活動にたずさわることにより、老いても、存在する意味を自分なりに見つけられるのではないかと私は考えています。もちろん、子孫に対してなるべくうしろめたくないようにするには、エネルギー消費量を減らす努力は欠かせません。不必要な機械や若い人の助けをなるべく借りずに、できる限り自力でやること。育ててやったんだから若者の助けを受けて当然、という態度はとるべきではありません。

こんなふうに「老人は働け！」と書いてきたのですが、体力の衰えた老人をつかまえて働けとは何事か、と叱られてしまいそうですね。もちろん、私は老人いじめをしようと思っているわけではありません。私自身だって、もうおまけに近づいているのです。一方的に若者の立場に立った発言など、しないほうが身のためです。仕事がたとえ遅くなっても、うまくできなくなっても、できるだけ働き続けるほうが幸せではないか、そして生きている意味があるのではないか、と思っているからこそ、老人も働くべきだと言ってきたのです。

本書では、エネルギー消費量と時間の速度が比例するという「代謝時間」の概念を提出しました。エネルギー消費量とは仕事に対応するわけですから、これはいってみれば、仕事をしなければ時間も存在しないという考え方です。ボケーッと老いを過ごしていても、代謝時間的には、ほんの短い老いの時間しかもてないことになります。老人が働くべきだと言ったのは、意味のある時間を、老いてからももちたいという、私の希望からです。でもエネルギーを使って仕事をするといっても、エネルギーの無駄使いはできません。エネルギーをはじめ、次世代が幸せに生きていける環境を用意して引き渡さなければならないのです。働くことが次世代のためになる、そういう仕事をすることで老いの時間に意味をもたせたいのです。

生命は回転しながら永遠を目指すものです。子供をつくり育てなければ生命は回転しません。次世代とつながっていなければ生命の時間は回転しないのです。だから老いの時間も、自分のためだけにあるとは考えたくないのです。老いの時間を自分の趣味だけに当てて安逸に暮らすのを推奨するような今の敬老精神は、大変問題でしょう。時間を回し続けていくためにも、老人は次世代のために働くべきだと私は思っています。

団塊の世代の嘆き

ここまで何となく偉そうなことを書いてきましたが、もちろん人生をどう生きたら良いのかなどという問題は、私の手にあまることとです。でもまあ、みんなが手探りの状態なのですから、自分なりにこの大問題について考えてみるのも、意味のあることでしょう。私は団塊の世代なのですが、この世代は特に自分なりの老いへの対処法を考えなければいけません。私たちを支えてくれる下の世代が少ないのです。だから差し障りのあることとも、あえて書いたのでした。

団塊の世代はなかなか悲しい世代です。入試でも苦労し、年まわりのあった相手を見つけるのに苦労しと、ことあるごとに苦労しました。小学校は教室が足りなくて講堂を仕切った仮教室。このままいくと、老人用ベッドが足りないからといって、廃校になった小学校の講堂を仕切ったものに、また入れられるかもしれません。これは悪夢です。

苦労はまだまだあります。私たちの世代は難しい姑に仕え、難しい上司にハハーッと言って仕えた最後の世代のようです。いざわれわれが姑になり上司になったら、下は新人類。まったくお仕えはしてくれません。上の世代はお仕えした分、仕えてもらえたのですから、差し引きゼロ。下の世代は下の世代で、仕えもしなければ仕えられもしないでしょうから、これも差し引きゼロ。収支は合っています。私たちの世代だけ仕えっぱなしで赤字なのです。老いた私たちを、下がまめに面倒を見てくれるとは期待できません。そして仕上げは墓地不足。死んだ後まで苦労し続けるわけで、まったく損な世代だとひがんでいます。

こういう世代ですから、率先して、老いに対して自衛する発想をもたねばなりません。下の世代の人数は、われわれよりずっと少ないのです。下の世代にまかせてはおけません。この章は、そういう世代の人間が書いたものとしてご理解下さい。

私もついに定年が近づいてきました。老いは他人事ではありません。そこで、老いを生きるうえでヒントになるかなと思い、生物学の視点から老いを考えてみたのがこの章です。意味のある議論だったかどうか、まったく自信がないのですが、でも、こんなふうに考えれば、これほど長くなった人生も、少しは楽な気持ちで生きていけるようになるなぁというのが、「おまけの人生」に近づいた私のいつわらざる実感です。

それにしても、老人は早く死んだほうが本当はいいんだなどと書いてしまって、自分でも、こりゃ困ったなと思っているんです。正直言って私も長生きしたいんですね。楽しい老後を送りたいものだと願っています。その願いをこめて『おまけの人生音頭』を御一緒に歌って、にぎにぎしく本章を終えることにいたしましょう。

おまけの人生音頭

本川達雄

一、むかしゃ　人間五十年
今じゃ　人生八十年
ついたついたよ　おまけがついた
何に使おか　何に使おか
このおまけ

二、老いと若いは　時間も違う
時間違えば　世界も違う
キッパリと　別だと　けじめをつけて
楽しもうじゃないか　二つの人生
それぞれに

三、速いばかりが　能じゃない
便利　移り気　薄っぺら
こくが出るには　時間がかかる
白髪　しみ　しわ　白髪　しみ　しわ
だてじゃない

四、天気ばかりじゃ　草木も枯れる
元気ばかりじゃ　能天気
老いも病も　心のこやし
真に知恵ある　真に知恵ある
人つくる

五、若い時には　遺伝子《ジーン》の奴隷
恋愛　子づくり　家づくり
年季明けたら　くびきもとれて
晴れて自由の　晴れて自由の
時がくる

六、他人《ひと》のことなど　考えぬ
遺伝子《いでんし》利己的　近視眼
そんなけちな了見　さらりと捨てて
遠く未来を　広く社会を
考える

七、働きつづけよ　動けるかぎり
お役に立ちましょ　みんなのために
おまけの時間は　もらいもの
感謝しながら　使おうじゃないか
ありがとう

エピローグ

天国のつくり方——ナマコに学ぶ究極の省エネ

ナマコであそぼう

ナマコという生きものがいます。酒の肴にする、白くてコリコリして、ほんのり磯の香りのする、そう、あれ。酢でしめて生で食べます。その腸を塩辛にしたのがコノワタ。絶品です。

生きたナマコは、太いソーセージみたいな形をしています。長さは一五センチほど。

ナマコは何を食べているか、ご存知ですか？　砂なのです。

砂ですよ！　あんなものを食べて、生きているのです。砂は石の粒ですから、もちろん栄養にはなりません。だから砂を食うといっても、砂と一緒に飲み込んだ海藻の切れっぱしや有機物の粒子や、砂の上で繁殖しているバクテリアを消化吸収しているのです。砂はそのまま排泄します。ナマコの後ろには、ウインナ・ソーセージみたいにつながった砂の糞が続いています。

いくら有機物の粒子が混じっているからといっても、やはり砂は砂です。栄養など、ほとんどありはしません。そんな栄養のないものを食べても生きていけるなんて、ナマコはいったい、どんな生活をしているのでしょう。栄養価の低い貧しい食事にあまんじて、ほそぼそと暮らしているのでしょうか。栄養失調なので子供もあまりつくれずに……。

そうでないことは、南の島の海辺を見れば、すぐに分かります。ナマコがうじゃうじゃいるのです。

以前、ある化粧品の宣伝誌の「おたよりコーナー」にこんな手紙が載っていました。若い女性のものです。グループでグアムに行ったときのことだそうです。さあ、着いた、泳ごう！　とビーチへ駆けて行ったのはいいけれど、波打ち際に真っ黒いソーセージみたいなものが、ゴロゴロといたるところに転がっているではありませんか。つつくと、ちょっと動きますから、動物です。ナマコなんです。きもちわるーい。でも、これ踏んでいかなきゃ、海に入れない。どうしよう……、と最初のうちはこわごわナマコをよけつつ海に入っていたのですが、踏んでもどうってことないし、安全無害なことが分かってくると、ナマコを手づかみにして投げっこしてたわむれたんだそうです。この手紙のタイトルは「ナマコであそぼう！」でした。

こんなふうに、ナマコは砂を食べていても栄養失調にもならず、ちゃんと子供もたくさんつくって、ものすごく繁栄しているのです。味気ない「砂を噛むような」人生を送っているわけではなさそうです。

その繁栄の秘密は、何なんでしょうか？　ナマコで遊びながら、考えてみましょう。さっきの手紙はグアムの海岸。黒いナマコですから、クロナマコかシカクナマコでしょう。どちらも沖縄にもたくさんいます。本当に、足の踏み場もないほどナマコが転がっている海岸があるのです。

シカクナマコを手にとってみましょう。つかむと、体がゴリッと硬くなるのが、手ざわりで分かります（写真1）。

さて、このナマコを両手ではさんで、強くもんでみます。最初はえらく硬いのですが、突如、ナマコの体が融け出します（写真2）。ドロドロのとろろ汁みたいになって、指の間から流れて垂れ下がり始めるのです。なんなんだ!? これは。

融けたナマコは、形なんかなくなります。ただの白いねばっこいとろろ汁、いや、「ナマコ汁」。もちろん、ナマコは死んでしまったと思われますね？

ところがなんと、このナマコ汁を、そっと水槽の中で飼っておくと、だんだんナマコの形になってきて、一週間もすると、ちゃんと元通りに「生き返る」のです。まったく不思議な話です。

ゴリッと硬くなったり、どろどろに融けるくらい柔らかくなったり、ナマコの体は硬さが変わるのです。じつは、ナマコの体のほとんどは皮なのです。皮の硬さが変わるのです。

ナマコを輪切りにすると、体の壁が、えらく分厚いことが分かります（写真3）。これが皮（真皮）です。この部分をわれわれは食べるわけです。皮に囲まれた体の中心部はがらんどうで水がつまっており、腸が浮いています。皮の内側を内張りしてい

写真1　硬くなったナマコ

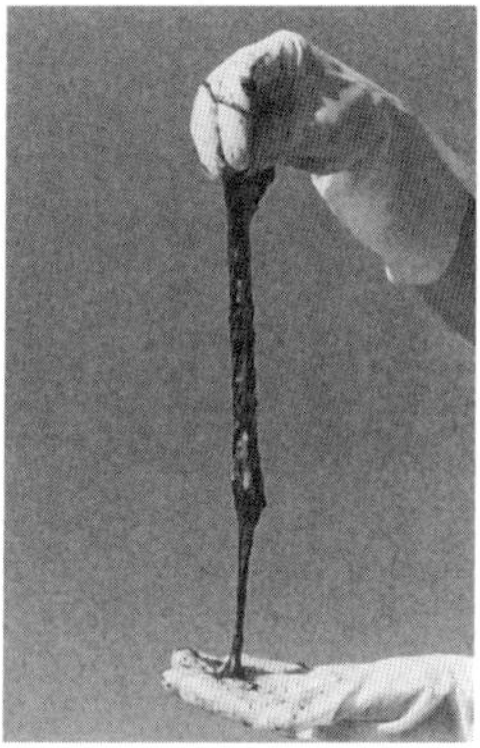

写真2　融けたナマコ

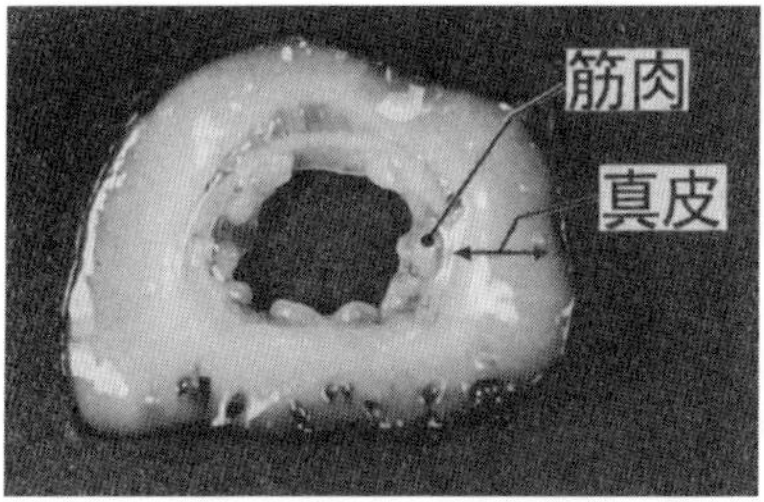

写真3　シカクナマコの断片

るのが筋肉ですが、これは皮の厚さに比べれば、かなりうすっぺらで貧弱なものです。この貧弱さからすると、ナマコは、そう速くは動けないことが想像されます。実際、ナマコはあまり動きません。つつけば体を硬くするだけで、逃げてもいかないのです。

これほどのそのそしたものが、隠れもせずに、ただゴロンと海底に転がっていれば、簡単に捕食者に食べ尽くされて絶滅しそうなものだけれど、そうではなく、足の踏み場もないほど繁栄しているのです。こんなウスノロが、なぜ？　と不思議に思ってしまいます。

硬さの変わる皮——ナマコ成功の秘密

その不思議を解く鍵が、皮の硬さ変化なのです。皮が硬くなることの役割は明白ですね。敵に攻撃されたときには、体を硬くして身を守ります。

体が硬ければ安心なのですが、だからといって、硬くなりっぱなしならいいのかというと、そうではありません。自分自身のことを考えてみれば分かることですが、体が硬かったら、うまく運動できませんね。しなやかに体が曲がるからこそ、跳んだりはねたり、穴をくぐり抜けたりと、場面ばめんに応じていろいろな運動をスムーズにできるわけです。

シカクナマコは、昼間は砂の上にいて砂を食べながら、ゆっくりと移動しているのですが、日が落ちると、サンゴの岩のほうへと寄って行き、岩の中に入って隠れてしまいます。また、海が荒れた日には、昼間でも岩の中に隠れています。岩の中に入るときには、体の太さに比べれば、よくもこんな所を通れるものだとびっくりするほどの狭い岩の割れ目を、体を細く大変形させながら通り抜けて岩の中へと入っていきます。これは体が硬いままなら、とてもできないことです。ナマコは割れ目を通り過ぎたら、岩の中で、また体を硬くすれば、もう割れ目からは抜けられません。どんなに外で嵐が吹き荒れようとも、岩の中から洗い出されて、流されてしまう心配はないのです。

ゴリゴリもんだりギュッとつまむような、非常に強い機械的な刺激を与えると、ナマコの皮はものすごく柔らかくなって融けるのです。

これには、こんな意味があります。岩の間に隠れているナマコを、魚が見つけて、口をつっこみ噛みついたとしましょう。魚の力が強ければ、いくら体を硬くしていても、岩からむりやりに引きずり出される恐れがあります。でも、噛みつかれた部分が融けてしまえば、魚はとっかかりがなくなりますから、あきらめるしかありません。

皮を融かすのには、別な使い方もあります。ナマコは魚に噛みつかれると、そこの部分を融かして皮に穴をあけ、穴から腸を吐き出します。ナマコの腸はコノワタの原料であり、うまいものですから、魚は喜んでそれを食べますが、食べている間に、ご本尊のナマコは逃げていくのです。一〜二週間もすると、腸はまたできてきます。

フクロナマコの仲間は、またちょっと違ったやり方をします。このナマコは砂の中にすっぽり入っており、口のまわりに生えている触手を砂の外に伸ばして、潮の流れにのってくる小さな有機物の粒子を捕まえて食料にしています。このナマコを食べにくる魚がいるのですが、砂の外に伸びた触手に魚が噛みつくと、ナマコは口のちょうど下、首に当たる部分の皮をものすごく軟らかくして、触手と首と、それに腸までつけて、体から切り放して吐き出してしまいます。魚がそれを食べている間に、ナマコのご本尊のほうは（ご本尊といっても、皮しか残っていませんが）身を縮めて砂の奥深くに隠れてしまうのです。

首の部分には、ナマコの体内では一番まとまった神経系があり、脳といってもいいのかもしれない部分なのですが、危うくなると、この首を相手に差し出すのです。そしてまた首が生えてきます。腸も触手も再生します。

ナマコは、このように、皮を硬くして身を守ったり、また、それでも守り切れないような相手には、逆に皮を軟らかくして体の一部を切り放し、それを敵に献上して生き延びます。硬軟両刀を使って身を守っているのです。のそのそしていても生き延びていけるわけです。

私たち脊椎動物は、決してそのそしてはいません。速く走ったり泳いだりして獲物を捕まえ、また、さっと敵から逃げ去るのが脊椎動物のやり方です。速く動くためには、しなやかで軽い体と、強力な筋肉が必要です。もしも硬くて重厚な鎧《よろい》で体を守ると、重量は増えるし、体のしなやかさも失われ、速く動けなくなってしまいます。だからカメなどをのぞいて、そういう防御はもたないのが脊椎動物のやり方です。つまり、私たちの体は軟らかいおいしい肉をむき出しにした、無防備な体なのです。だから、逃げ足と、危険をいち早く察知する感覚系がなければ生きていけません。運動系と感覚系とを、ちゃんと操るには、発達した脳や神経系がいります。

あまり動かなくてもやっていける動物なら、脳はいりません。脳を吐き出したって死にはしません。脳死問題はナマコには存在しないのです。

動くためには、たくさんのエネルギーがいります。走っているときは、安静時の一〇倍もエネルギーを使うのです。発達した筋肉をもつことは、エネルギーをたくさん使うことを意味します。ナマコには動くための筋肉は、あまりありません。だからエネルギーを使わないのです。

体の姿勢を保つのにも、われわれは筋肉を使いますね。でも、ナマコは違います。われわれが腕を上げるとしましょう。上げている間じゅう、腕の筋肉は収縮し続けています。筋肉が収縮すればエネルギーがどんどん消費され疲れてきて、そう長くは手を上げっぱなしにしていることはできません。でももし、手を上げて、そこで腕の皮がバリッと硬くなったらどうでしょうか？　皮がつっぱるから、筋肉をゆるめても手は上がったままに保たれます。手を下ろしたくなったら、皮をまた軟らかくすればいいのです。ナマコの皮はこんな原理でナマコの姿勢を保っています。

硬さの変わる皮を使うと、姿勢維持のエネルギーを節約できます。ナマコの皮は、硬く姿勢を保っているときにも、あまりエネルギーを使いません。省エネタイプのたいへんに優れた姿勢維持装置なのです。

ナマコは砂を食べています。こんなに貧しい食物でもやっていけるのは、ナマコがあまりエネルギーを使わないからです。私たちが砂から栄養をとろうと思ったら、それこそ山のように砂を食べねばなりません。そんなことをしたら、重い大きな胃袋をかかえて、よたよたすることになり、たちまち捕食者に食われてしまいます。

砂を食べて生きていける生活！　私たちの常識からは、ちょっと想像しにくいものです。でも、砂が食べられるようになったらいいですね。砂はいくらでもあります。探す苦労はいりません。それに、砂は逃げてもいきませんから、なんなく食物が手に入ります。私たちのように悪知恵を絞り、額に汗してあくせく働かなくてもいいのです。

ナマコはゴロンとして、ただ砂を食べています。そんなゆったりとした生活が送れるのも、硬くなって良い防御にもなり、軟らかくなってある程度の身動きも可能にし、それでいてエネルギーをあまり使わないという、優れた皮をナマコはもっているからなのです。

この世を天国にする方法

私は長いこと沖縄に住んでいました。研究していたのは、このナマコです。沖縄に赴任したとき、歓迎会を開いてくれました。夜の七時半ということで行ってみると、誰もいないんですね。八時頃からぼちぼち人が集まってきて、八時半頃会がやっと始まりました。聞いてみると、どうも七時半始まりというのは、その頃家を出るということらしいのです。そしていったん始まると、会はなかなか終わりません。えんえんと飲み続けるのです。いやぁ、南国の時間はたっぷり流れるなぁと、たちまち時間の違いを思い知らされました。

私の仕事場は瀬底《せそこ》島という、沖縄本島北部に隣接する小さな島でした。当時は研究員一人。小さな島の小さな臨海実験所です。初めて瀬底に行った日、さっそく浜に出てみました。ちょうど潮が引いていて、ナマコがゴロゴロしているんですね。触ったって逃げやしない、ただノテーッとしているだけです。こんなやつがどうして生きていけるんだ？　と不思議に思うとともに、ナマコの時間はどうなっているんだろう、とてもわれらと同じ時間が流れているとは思えないなぁ、と疑問に感じてしまいました。こんな経験が重なって、時間のことを考えるようになったのです。

現代日本人は莫大なエネルギーを使って時間を速めています。いつでもどこでも欲しいものがすぐ手に入り、やりたいことがさっとできるように、世の中をつくり上げてしまいました。いわばエネルギーを使ってこの世を天国にしているわけです。

これに比べてナマコはどうでしょうか？　ナマコは動物の中でも、とりわけエネルギー消費量の少ない生きものです。エネルギーを使えば使うほど天国に近づくというわれわれのやり方からすれば、ナマコは天国からもっとも遠い存在なのかもしれません。

でも考えてみて下さい。ナマコは砂の上に寝ころんで砂を食べています。食物の上にいるわけですから、いわばお菓子の家に住んでいるようなもの。お菓子の家などお伽話にしか出てきませんね。これぞまさしく理想の世界、天国です。ナマコは工夫してエネルギーの支出を少なくすることにより、栄養価の低い砂のようなものを食べてでも生きていけるようになりました。省エネに徹して地上に天国をつくり上げてしまったのです。これはわれわれとは、まったく正反対のやり方です。私たち人類は莫大なエネルギーを使うことにより、地上に天国を実現しようと試みてきました。今やこのやり方は、破綻に瀕しています。

ある晩、瀬底島の浜を散歩していたら、漁師が一人、泡盛を飲んでいました。だまって茶碗を差し出してくれます。

彼はぽつんとこう言いました。

「借金していい船を買えば、儲かるのは分かっているさ。でも、そんなことをすれば、こうして飲む泡盛の味がまずくなる」

私たちは借金して「良い」暮らしをしています。エネルギーは子孫からの借金ですし、国はまさに借金だらけ、赤字国債の山です。このあたりで、借金して得られた「良い」暮らしを見直さなければなりません。何が幸せかを問い直す必要があります。本書で考えてきた「生物的時間」や「代謝時間」が、問題を見直す際の視点を与えてくれることと私は信じています。

あとがき

「これは名著だ。だが……」

「だが？」

「マスコミは一切とりあげないね。」

本書の旧版『時間』（ＮＨＫ出版）を読んで、友人が断言した。

「どうして？」

「非国民の書だから。」

「？」

「戦前はね、軍部に少しでもたてつくことを言うと非国民と呼ばれた。今は、福祉に少しでも水を差すようなことを言えば、非国民と呼ばれるんだよ。この本には、老人は早く死んだ方がいいようなことが書いてある。明らかに非国民の言いぐさだ。」

「生物学的に言えば、って断ってあるんだけど、だめかなあ。老いを生物学的にクールに眺めることは、絶対必要だよ。」

「だから学者は世間を知らないっていわれるわけさ。いくら正しくても、言っていいことといけないことがある。それを決めるのは社会の雰囲気。」

「その雰囲気が能天気だから、厳しいことを言いたかったんだ。超高齢社会になるのは確実なんだから、甘いことばっかり言ってられないだろ。今から準備しておかないと。」

「でも、僕ら団塊の世代が定年になるのは、あと一五年も先のこと。間際にならなけりゃ、厳しい現実に目を向けないのが人間というものさ。この本は厳しい本だよ。こんなもの売れっこない。」

「人間の寿命を扱った章は、確かに厳しいことを書いた。だけど他の章は、とても役立つことが書いてある。現代人は時間の奴隷みたいなもんだろ。その奴隷状態から、これを読めば解放される。」

「だから名著だと言ったろ。すごくよく効く読むクスリだと思うんだけれど。」

「時間の見方としてじつに新しい。目からうろこの落ちることがたくさん書いてある。」

「ありがとう。」

「お世辞じゃないよ。『代謝時間』。目からうろこだね。エネルギー消費量で時間を計るなんて、まったく新しい時間の定義だ。そして納得がいく。

　動物の時間から類推して、人間の一生においても時間が異なるという『子供の時間・老人の時間』。じつに身につまされる。

代謝時間の考えを社会生活に応用した『社会生活の代謝時間』・『ビジネスにおける時間の考え方』・『時間環境問題』。どれをとっても斬新で重要な見方だ。この忙しい社会を生きるために、またこれからの高齢化社会に対処するために、すこぶる役に立つ考え方だと思うね。時間の文化論としても読める。どのテーマでも、ゆうに一冊の本が書ける。」

「いいこと言うなあ。でも売れないって言うの?」

「この本には重大な欠点がある。あまりに大切なことがギュッと詰まっているんだ。こんなに密度の濃い本は売れない。売るためには、もっと薄めて口当たりよくしなければ。」

友人の言は正しかった。マスコミ関係にも名著だと言ってくれた人は何人かいたのだが、新聞等にとりあげられることは一切なかった。売れなかった。絶版になった。十年たった。

ところが最近、風向きが変わってきたのである。産経新聞が本書の内容をもとに八回の連載記事をつくってくれた。NHKのオピニオン番組で話してくれと頼まれた。

中学の国語の教科書に本書の一部が掲載された。そして複数の出版社から新装版出版の打診が来た。

「二〇〇七年問題。今こそこの名著が読まれるべき時です。出たのがあまりに早すぎたんですよ。今読んでもまったく古びていない。いや、今こそ旬の本です。出し直しましょう。」――そう言ってくれたのが黒崎裕子さん佐々木春樹氏をはじめとする阪急コミュニケーションズの方々。旧版にそれなりに手を入れ、タイトルも『「長生き」が地球を滅ぼす』と改めて、再度世に出ることになった。

そして昨年の東日本大震災。私たちはエネルギー問題を真剣に考えざるを得なくなった。この大問題を考える上で、本書は貴重な視点を提供できるという思いを強くしていた矢先、文芸社に移られた佐々木氏から、文庫として出していただけることになった。感謝！

旧版を出して以降、思わぬ方々とおつき合いする機会があり、時間に対する思索が随分深まったと思う。

一人は現代音楽の作曲家ロクリアン正岡氏。音楽とは時間の芸術であり、作曲家は時間のデザイナーと言ってもよい。小生が本書の中で提案している「時間をデザインする」というアイデアは、音楽関係者に評判がいい。

正岡氏は哲学にも凝っておられる。ニーチェ没後百年を記念してレクチャー・コンサートをやるから、レクチャー部分をお願いしたい。もちろん一曲歌って欲しい、との依頼があった。ニーチェはワーグナーと親交があり、自身で作曲もしている。その曲も当日演奏するとのこと。

にわか勉強でニーチェを読んだ。するとどうしても、その前のカントを、それなりに理解しておかねばならない。その後のフッサールもと、ドイツ哲学を電車とベッドの中で読むはめになった。

カントの『純粋理性批判』は時間論の書でもある。ニュートンの絶対時間のような、私たちの外にあるものを、そのままの形で捉えることは、われわれにはできない。われら自身の体にそなわっている時間認識の枠組みを通してはじめて、時間を捉えることができる。そうカントは言う。

こういう考え方が、絶対的な高みからすべてのものを見通す神の視点（パースペクティブ）を否定し、地上のパースペクティブに基礎を置くニーチェの考えにつながっていく。

これを時間論に引きつけて言えば、絶対時間（万物共通の時計の時間）のようなものは、いわば神の時間であり、それは、たとえ存在したとしても、われわれにはそれをそのままの形では知り得ない。われわれに備わった認識の枠組みを通して時間というものを解釈しているのであり、そういうものとしてしか時間はあり得ない。

　これを動物学的に発展させれば、認識の枠組みは動物が違えば、当然異なるだろうから、時間はそれぞれの動物により違っているのだという本書の結論になる。

　フッサールのことを読んで、彼の現象学の成立にはフォン・ユクスキュールの影響のあることを知った。

　ユクスキュールは十九世紀末から二十世紀初頭に活躍した生物学者。仕事の上で私がもっとも影響を受けた人物である。私はウニやナマコの結合組織の研究を行っているが、その仕事の先鞭をつけたのが彼。ウニをはじめ、さまざまな動物の生理学的研究を行い、その成果を元に名著『生物から見た世界』を書いた。その生物が感じられるものがその生物の世界を構成しており、感じられないものは存在しないに等しい。動物によって感覚は異なっているのだから、おのおのの動物は異なった世界をもち、異なった世界に住んでいるのだと彼は言う。

　学生時代にこれを読み大いに感銘を受けた。そして、それぞれの動物の生理機構を研究し、その動物の世界を読み解いていくのが動物学者の使命なのだと心に決めた。自身の動物学者としての方向に、大きな影響を与えてくれたのがこの本である。

　それぞれの動物にはそれぞれの時間があり、そのような独自の時間が流れている独自の世界を、それぞれの動物がもっているのだという本書の主張は、ユクスキュールの考えを発展させたものである。

もう一つ、思わぬところとのおつき合いがあった。道元禅師没後七五〇年の記念行事を行うから、講演会で話して欲しいとの永平寺からの依頼である。

これには驚いた。何で私が道元と関係あるんだろう?

「道元禅師と通じるところがあるんですよ。お坊さんの間にも『ゾウの時間　ネズミの時間』のファンは結構多いんです。禅師も『ねずみの時間』を考えておいでです。」

そこで、またまた道元のにわか勉強を始めることになった。

彼の主著『正法眼蔵《しょうほうげんぞう》』中の『有時《うじ》』の巻において、道元は時間論を展開している。読んでみると、私の考えていたことが、そっくり書いてあるではないか。

時は飛び去っていくものとのみ考えてはいけない、つまり古典物理学的なまっすぐに進んでいく時間の捉え方だけではいけないと道元は言うのである。

さらに彼は「尽力経歴《じんりききょうりゃく》」(力を尽くすと時間が経《へ》めぐる)と言う。これはエネルギーを注ぎ込むと時間が流れるという、私の主張とぴったり合う。

生きるということをしっかり考えれば、やはりこういう結論にたどり着くのだなあと、すっかり意を強くした。宗教家にしろ哲学者にしろ、人間の時間を深く考えれば、時計の時間だけで事足れりとはしないものなのである。

この道元解釈を曹洞宗の檀信徒会館で話し、その講演録は拙著『おまけの人生』に収録しておいた。

今まで哲学者は多くの時間論を著し、宗教家もそれなりに時間について論じている。物理学者の書く時間論もけっこう数が多い。宗教や哲学の時間は人間という生きものに関わる話であり、物理の時間は人間には無関係に論じられるもの。これら二つの時間論は、互いにまったく噛み合っていないように私には思われる。

私の生物学的時間論は、この二つの間を橋架けするものである。このような試みはなかったように思う。ある編集者曰く、「今、もっとも過激な時間論を展開している人」。

少子化、高齢化、エネルギー問題等々、今日の日本が抱えている問題は、すべて時間の捉え方が偏っていることに起因するというのが本書の主張である。

私たちは時間の中で生きている。良く生きるとは、良い時間を生きることと言えるだろう。良い時間をつくりだすために、そして現代日本が抱えている大問題を解決することに、本書が参考になることを願っている。

平成二十四年六月

本川達雄

読書案内

■体の大きさとエネルギー消費量

動物の体の大きさが、動物の体のつくりや働きにどう影響するかを調べる学問が生物のスケーリングである。日本語で読めるものとしては、拙著で恐縮だが次のものがもっとももとっつきやすい。

本川達雄『ゾウの時間　ネズミの時間　サイズの生物学』中央公論社（一九九二年）

マクマホンとボナー『生物の大きさとかたち―サイズの生物学―』東京化学同人（二〇〇〇年）

ちょっと数式が出てくるがとても良い本。サイエンティフィック・アメリカン・ライブラリーの一冊なので図や写真がきれい。

クライバー『生命の火――動物エネルギー学』養賢堂（一九八七年）

エネルギー消費量が体重の¾乗に比例することを確立したクライバーの著作。

シュミットニールセン『スケーリング　動物設計論――動物の大きさは何で決まるのか――』コロナ社（一九九五年）

シュミットニールセンの原著と以下の二冊がほぼ時を同じゅうして出版され、スケーリングの重要性が学界で広く認識されるようになった。

Calder, W.A. III "Size, Function, and Life History" Harvard University Press（1984）

Peters, R.H. "The Ecological Implications of Body Size" Cambridge University Press（1983）

Brown, J.H. & West, G.B. (eds) "Scaling in Biology" Oxford University Press（2000）

エネルギー消費量がなぜ¾乗に比例するのかを、フラクタルを用いて説明する新説を提出している人たちの著書。この学説には賛否両論あり。

ホイットフィールド『生き物たちは¾が好き』化学同人（二〇〇九年）

フラクタル学説提出までの物語。

以上、どの本にもエネルギー消費量のことは詳しく書いてあるが、時間に関して突っ込んだ記述や議論はない。

前記シュミットニールセンの本は名著の誉れが高い。彼はデューク大学の看板教授で、コールダー（彼の本の次に挙げた本の著者）は彼の高弟である。私はデュークに二年ばかりお世話になり、シュミットニールセンとはよく昼飯を一緒に食べた。

「時間（time）は体重の¼乗に比例して変わるものです。」

　私が主張した時、シュミットニールセンは言った。

「君の言うのはtimeではなくcycle（周期）だ。」

あ、これは時間の一神教だ！　と思った。西洋では、まっすぐに進んで戻らない万物共通のものを時間と呼ぶ。くるくる回るものを普遍的な時間と呼ぶことに、彼らは強い抵抗を感じるようなのである。

　唯一の神を大文字でGodと書いて八百万の神々godsと区別し、Godこそが真の神だとユダヤ・キリスト教徒は考える。たぶん彼らの意識の中では、時間にもTimeとtimesの区別があり、唯一の神の造ったTimeこそが唯一の時間なのであって、timesの方は、本当は、そうは呼びたくないというのが西洋人の本音なのではないだろうか。だからこそcycleだとシュミットニールセンが言い直したのだと私は解釈している。この時の会話の調子から、時間を扱うと文化論にならざるを得ないなあと強く感じた。

　後年、彼が国際生物学賞（昭和天皇を記念して設けられた賞）を受賞して来日した際、『ゾウの時間　ネズミの時間』がベストセラーになったと告げたら、

「時間がいろいろ違うなんて、アメリカで受け入れられるはずがない。日本ではそういう本が売れるんだねえ。」と、彼我の違いに大いに驚き、不思議がりかつ感心していた。

■文化・民族による時間のとらえ方

真木悠介『時間の比較社会学』岩波書店（一九八一年）
　名著です。
エリアーデ『永遠回帰の神話　祖型と反復』未来社（一九六三年）
ネフスキー『月と不死』平凡社（一九七一年）

■物理の時間・生物の時間

「時間論の諸パラダイム」別冊・数理科学　サイエンス社（二〇〇四年）
　物理から経済、心理まで、様々な分野の論考を集めたもの。ただし物理についてのものが多い。
細谷暁夫『さまざまな時間を旅する』あすなろ書房（一九九三年）
　わが高校の先輩であり現在の同僚である細谷さんが、分かりやすく書かれた本。
コヴニーとハイフィールド『時間の矢、生命の矢』草思社（一九九五年）

■体の時間・老化・寿命

澤田康文『この薬はウサギかカメか　体内での薬の動き・働き・スピード』中央公論社（一九九七年）
　薬の効く時間が体の大きさで変わることが記されている。

粂和彦『時間の分子生物学　時計と睡眠の遺伝子』講談社（二〇〇三年）
高木由臣『生物の寿命と細胞の寿命　ゾウリムシの視点から』平凡社（一九九三年）
能村哲郎、遺伝学普及会編「老化と寿命」生物の科学遺伝別冊№7　裳華房（一九九五年）

■哲学の時間・心理学の時間・宗教の時間

アレント『人間の条件』筑摩書房（一九九四年）
　機械を使うと時間が早くなり、それが不幸に結びつくことがはっきりと書いてある。
カント『純粋理性批判』岩波書店（一九六一―二年）
中島義道『時間を哲学する　過去はどこへ行ったのか』講談社（一九九六年）
松田文子編『時間を作る時間を生きる　心理的時間入門』北大路書房（二〇〇四年）
アウグスチヌス『告白』中央公論社（一九六八年）
増永霊鳳『佛教における時間論』山喜房佛書林（一九六六年）
三枝充悳編『存在論　時間論』講座仏教思想　第一巻　理想社（一九七四年）

■その他

ＮＨＫ放送文化研究所編『日本人の生活時間・２０００　ＮＨＫ国民生活時間調査』

ＮＨＫ出版（二〇〇二年）

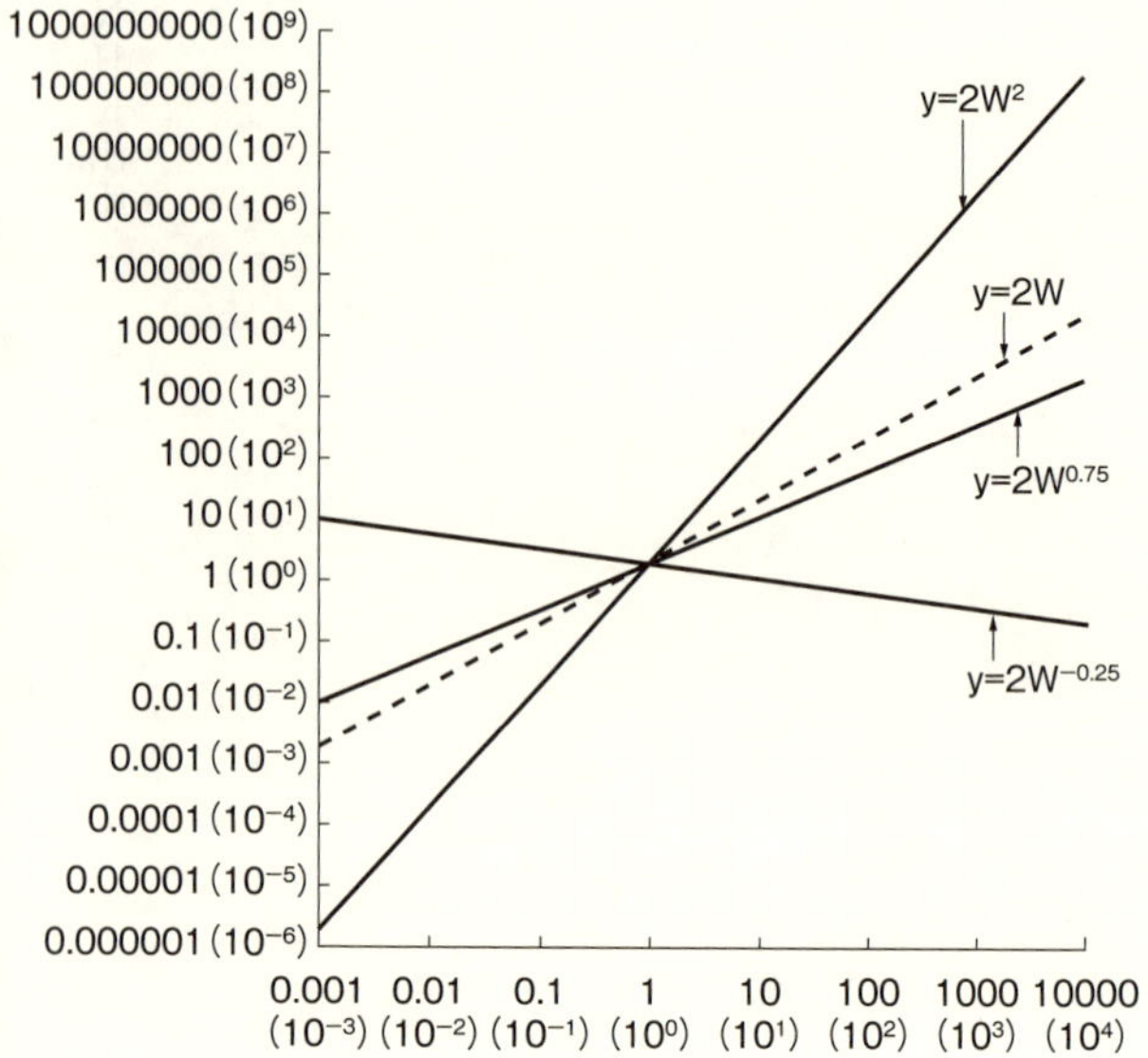

1000000000 (10⁹)
100000000 (10⁸)
10000000 (10⁷)
1000000 (10⁶)
100000 (10⁵)
10000 (10⁴)
1000 (10³)
100 (10²)
10 (10¹)
1 (10⁰)
0.1 (10⁻¹)
0.01 (10⁻²)
0.001 (10⁻³)
0.0001 (10⁻⁴)
0.00001 (10⁻⁵)
0.000001 (10⁻⁶)
y=2W²
y=2W
y=2W^0.75
y=2W^−0.25
0.001 (10⁻³)
0.01 (10⁻²)
0.1 (10⁻¹)
1 (10⁰)
10 (10¹)
100 (10²)
1000 (10³)
10000 (10⁴)

図2

対数グラフとは、目盛りが1、10、100、1000、……と一目盛りの値が10倍ずつになるものである。図2は、図1を対数グラフで描きなおしたものである。

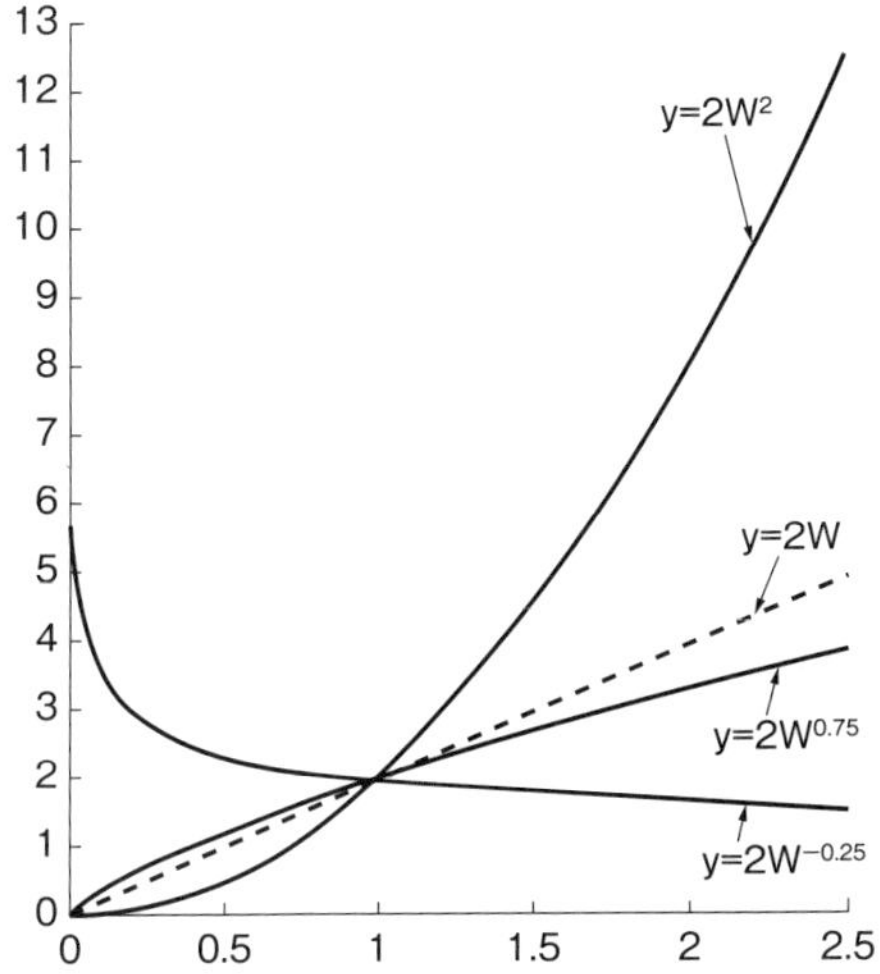

図1

$$E_{sp} \times T_L = 4.1W^{-0.25} \times 3.66 \times 10^8 W^{0.20}$$
$$= 1.5 \times 10^9 W^{-0.05} \fallingdotseq 15億$$

一生の間に、どのサイズの動物も約15億ジュールのエネルギーを使うことになる。

注3）ベキ乗の掛算では右肩の数字のたし算になる。

$$W^a \times W^b = W^{a+b}$$

注4）比代謝率の単位はワットだが、ワットとは
ジュール／秒。だからワット×秒＝ジュールとなる。ジュールとはエネルギーの単位。

付録6　ベキ乗と対数とアロメトリー式

a×a×aは、aを3回かけたものだが、これをa^3と書き表し、aの3乗と呼ぶ。aをn回かけたものはa^nである。同じものを掛け合わせることをベキ乗と呼ぶ。

ベキ乗の規則は次のとおり。

$x^a \times x^b = x^{a+b}$　　　$x^{-a} = 1/x^a$

$x^a \div x^b = x^{a-b}$　　　$x^0 = 1$

$(x^a)^b = x^{a \times b}$

動物の体重をWとすると、体の各部のサイズや動物の代謝率などの機能（y）は、次のような体重のベキ関数でかなりよく近似できる。

$$y = aW^b$$

つまりyはWのb乗に比例し、比例係数aである。この式をアロメトリー式と呼ぶ。図1はa＝2で、bが－0.25、0.75、1、2のグラフを図示したものである。bが1より大きいと、Wの増加にしたがい急激にyが増える。bがマイナスだと、Wが増えると逆にyは減る。

アロメトリー式　$y = aW^b$を対数の形に直して書くと、

$$\log y = \log a + b \log W$$

つまりアロメトリー式を対数目盛りのグラフ用紙を使って書くと、傾きがbの直線となる。

●寿命を肺のスゥハァする時間で割ってみよう。

寿命の式　$T_L = 3.66 \times 10^8 W^{0.20}$

呼吸の時間の式　$T_R = 1.12W^{0.26}$

$$\frac{T_L}{T_R} = \frac{3.66 \times 10^8 W^{0.20}}{1.12W^{0.26}} = 3.27 \times 10^8 W^{-0.06} \fallingdotseq 3億$$

一生の間に約3億回呼吸することになる。

注1）ベキ乗の割算では、右肩の数字の引算になる。

$W^a \div W^b = W^{a-b}$

体重の0乗は1となる（$W^0 = 1$）

注2）寿命の式は、ここでは秒で表してあるので、比例係数が付録3の数値とは異なっている。

付録5

体重あたりのエネルギー消費量（比代謝率）と時間とを掛け合わせると、体重によらない一定値になる。

●たとえば比代謝率（E_{sp}, ワット）に心臓の拍動の時間を掛けてみよう。

比代謝率の式　$E_{sp} = 4.1W^{-0.25}$

心周期　$T_C = 0.25W^{0.25}$

$E_{sp} \times T_C = 4.1W^{-0.25} \times 0.25W^{0.25} = 1.0W^0 = 1$

心臓が1回ドキンと打つ間に使うエネルギー量は1ジュールであり、これは体の大きさにはよらない（注3、注4）。

●比代謝率に呼吸の時間を掛けてみよう。

比代謝率の式　$E_{sp} = 4.1W^{-0.25}$

呼吸周期の式　$T_R = 1.12W^{0.26}$

$E_{sp} \times T_R = 4.1W^{-0.25} \times 1.12W^{0.26} = 4.59W^{0.01}$

$\fallingdotseq 4.6W^0 = 4.6$

一呼吸の間に使うエネルギーは体の大きさによらず、約4.6ジュールとなる。

●比代謝率に一生という時間を掛けてみよう。

寿命の式　$T_L = 3.66 \times 10^8 W^{0.20}$

付録3　時間のアロメトリー式2――一生に関わるもの

（哺乳類、時間Tの単位は年、体重Wの単位はkg）

成獣の98％の大きさに達する時間	$T=1.21W^{0.26}$
成獣の50％の大きさに達する時間	$T=0.35W^{0.25}$
性的に成熟する時間	$T=0.75W^{0.29}$
懐胎期間	$T=0.18W^{0.25}$
寿命	$T=11.6W^{0.20}$
赤血球の寿命	$T=0.062W^{0.18}$
γ－グロブリンの半減期	$T=0.016W^{0.26}$

（Calder，1984より）

付録4

時間を二種類組み合わせて割算すると、体重に無関係な一定値となる。

●呼吸の時間を心臓の時間で割ってみよう。

呼吸の時間の式　$T_R = 1.12W^{0.26}$

心臓の時間の式　$T_C = 0.25W^{0.25}$

$$\frac{T_R}{T_C}=\frac{1.12W^{0.26}}{0.25W^{0.25}}=4.48W^{0.01}\fallingdotseq 4.5W^0=4.5$$

割算すると体重の0.01乗に比例することになるが、0.01は、ほぼ0だから体重の0乗、つまり体重によらないとみなせるため、呼吸の時間は心臓の時間の4.5倍長く、これは体重によらず、どの大きさの哺乳類でも成り立つことになる（注1）。

●では寿命という時間を心臓のドキドキの時間で割ってみよう。

寿命の式　$T_L = 3.66\times10^8W^{0.20}$（注2）

心臓の時間の式　$T_C = 0.25W^{0.25}$

$$\frac{T_L}{T_C}=\frac{3.66\times10^8W^{0.20}}{0.25W^{0.25}}=1.46\times10^9W^{-0.05}\fallingdotseq 15億$$

割算の結果、体重の－0.05乗に比例することになり、これもほぼ0乗に近いとみなすと、体重に関係なく心臓は約15億回、一生の間に打つことになる。

巻末付録

付録1

●哺乳動物の生息密度（D，匹／km²）と体重（W，kg）との間には、おおよそ次のような関係がある。

$$D = 55W^{-0.90}$$

この式を使って体重60kg、つまりヒトのサイズの大きさの動物の生息密度を求めてみよう。

$$D = 55 \times (60)^{-0.90} = 1.4 匹／km^2$$

東京の人口密度（5500人／km²）ほど密に住んでいる哺乳類の体重も、この式を使って計算できる。

$$5500 = 55 \times W^{-0.90}$$
$$W = 0.006kg = 6g$$

●哺乳動物の行動圏（H，km²）と体重との間にも、次のような関係式が成り立つ。

$$H = 0.154W^{1.06}$$

この式を使ってヒトのサイズの大きさの動物の行動圏の広さを求めてみよう。

$$H = 0.154 \times (60)^{1.06} = 12km^2$$

付録2　時間のアロメトリー式1——生理的な現象

（哺乳類、時間Tの単位は秒、体重Wの単位はkg）

心周期	$T = 0.25W^{0.25}$
呼吸周期	$T = 1.12W^{0.26}$
腸の蠕動運動の周期	$T = 2.85W^{0.31}$
寒さで震える周期	$T = 0.049W^{0.18}$
筋肉が1回ピクンと収縮する時間	
｛長指伸筋	$T = 0.019W^{0.21}$
｛ひらめ筋	$T = 0.064^{0.39}$

（Calder，1984より）

本書は、二〇〇六年一月、阪急コミュニケーションズ
から発売された単行本に、加筆・修正したものです。

文芸社文庫

「長生き」が地球を滅ぼす
現代人の時間とエネルギー

二〇一二年八月十五日　初版第一刷発行

著者　本川達雄
発行者　瓜谷綱延
発行所　株式会社　文芸社
〒一六〇－〇〇二二
東京都新宿区新宿一－一〇－一
電話　〇三－五三六九－三〇六〇（編集）
〇三－五三六九－二二九九（販売）
印刷所　図書印刷株式会社
装幀者　三村淳

ISBN978-4-286-12823-8

［文芸社文庫　既刊本］

定年と読書
鷲田小彌太
読書の本当の効用を説き、知的エネルギーに溢れた生き方をすすめる、画期的な読書術。本を読む人はいい顔の持ち主。本を読まないと老化する。

戦争と平和
吉本隆明
「戦争は阻止できるのか」戦争と平和を論じた表題作ほか、「近代文学の宿命」「吉本隆明の日常」等、危機の時代にむけて、知の巨人が提言する。

忘れないあのこと、戦争
早乙女勝元選
先の大戦から半世紀以上。今だからこそ、風化した戦争の記憶、歴史の彼方に忘れられようとしている戦争の体験を残したい。42人の過酷な記録。

自壊する中国
宮崎正広
チュニジア、エジプト、リビアとネット革命の嵐が、中国をも覆うのか？ネットによる民主化ドミノをはねのけるべく、中国が仕掛ける恐るべき策動。

「反日」の構造
西村幸祐
西尾幹二氏激賞！　日本を蝕んできた反日システムとネット時代の到来を克明に描写した名著、待望の文庫化。気鋭の評論家が放つ警鐘の問題作！